中国近代伦理学文献丛刊

第三部分·第三册

李义天 张远航◎主编

CCTP
中央编译出版社
Central Compilation & Translation Press

出版说明

中国近代伦理学文献丛刊共计收录中国近现代伦理学文献三十二种，分作四辑，每辑所收文献按当时出版时序排列。本次整理，皆按底本影印，以存文献版本旧貌。底本原文或有舛错，本次整理未予订正，如伦理学（斯宾挪莎著，伍光建译）第一册第十一题目录作『神或本质原为无限属性所备造而成者而每一个属性则是发表永恒及无限然则神或本质要素者是必然有者』，但正文却为『神或本质原为无限属性所备造而成者而每一个属性则是发表永恒及无限然不神或本质要素者是必然有者』，虽神与不神仅一字之差，但意迥然不同；又如日本元良勇次郎著伦理学第二十四章目录作『纳税兵役之义务』，而正文却为『国家伦理　纳税与兵役之义务』，差异明显。此外，底本皆为繁体中文，本次整理，唯前言、目录及书眉等整理文字，为适宜今人阅读，皆作简体中文。特此说明。

前言

李义天

中国有着悠久的伦理文化传统与伦理思想传统。自先秦、经汉唐、至明清，前人先贤围绕善恶、是非、义利、廉耻等问题展开的讨论及其形成的知识成果，为我们留下了丰厚的文化遗产与思想资源。在这个意义上，作为一门学问的伦理学，在中华学术谱系中始终存在。然而，作为一门学科的伦理学，对于中国学术来说，却是一件近代以来才发生的事情。

学问的确立可以是学者个人的成就，但学科的确立却与学术制度的转型、学术形态的自觉，以及学术背景的更替密切相关。这些方面都必须在近代中国社会的语境中得到理解。具体而言：

其一，作为一门学科的伦理学，奠基于近代教育制度和教育体系的发展。正是在近代教育制度和教育体系（尤其是大学教育体系）的『学科化』进程中，细密的学科划分逐渐形成，清晰的学科意识逐渐确立。由此，学者对知识的探讨，不再意味着单纯的研究，而是建制上的学科建设。对近代中国学人而言，『伦理学』概念的出现以及学科的形成，正是近代中国在文明碰撞之间吸纳、改造近代教育体系及其学术制度的现实产物。

其二，作为一门学科的伦理学，不仅需要具备专门的研究题材与研究方法，更要有针对这些题材与方法的自觉总结和反思。因此，仅仅探讨有关善恶的问题、论证关乎善恶的要求，或许能够形成伦理学学问的主要框架，但不足以构成伦理学学科的完整内容。作为学科的伦理学，还必须在探讨和论证具体命题的基础上，对其背后的理由与方法加以提炼与批判。要做到这一点，则必须梳理、评析已有的观点与路径。在这个意义上，近代中国学人对伦理学方法论和伦理学思想史的研究自觉，乃是这门学科在近代中国初步成型的必要条件。

其三，作为一门学科的伦理学，无论是涉及教育体系与知识门类的『学科化』，还是涉及研究方法与思想历程的『自觉化』，都必须置于中国与世界交往的近代语境中来理解。在『作为学问的伦理学』向『作为学科的伦理学』的转变过程中，近代中国学人对西方伦理史籍的大规模翻译、对当时国外学界新近文献（尤其是思想史著作）的批评性介绍，以及他们立足本土而展开的系统阐释与重构，无疑是最重要的内在动力。这些动力及其带来的转变，恰恰是在近代中国的特定历史背景下，作为一系列近代事件而发生的。

因此，要理解作为一门学科的伦理学在中国的起步与发展，就必须对近代中国伦理学的理论实践加以关注。其中，最为基础的一项工作便是对当时研究和译介的基本文献进行搜集、整理与汇编。可以说，只有做好这项工作，我们才能印证中国伦理学学科所具有的近代性质，才能描述中国传统伦理思想向现代人文学科范式的转变过程，才能理解过去一百五十年间中国伦理学发展的曲折与波动，也才能帮助我们在此基础上推进当代中国伦理学的学术研究与学科建设。作为历史资料，这些近代文献对于直面历史、正视历史并希望能从历史中汲取经验的每一位伦理学人来说，都是无法忽视和规避的。

基于上述考虑，我们从二十世纪上半叶的相关文献材料中，择取了三十余部作品，分作四辑，每辑依其出版年序加以汇编整理。根据题材类型，它们大致被分为四类：

（一）史籍类。主要包括近代中国学人对西方伦理思想若干重要文献的翻译作品。它们可以映射出，当时的中国伦理学人在面向西方伦理思想时所采取的关注视角与选择范围。

（二）史论类。主要包括当时具有一定影响的伦理思想史研究著作。就内容主题而言，其中既有关于西方伦理思想史的研究，也有关于中国伦理思想史的研究；就出版类型而言，既有中国学者的原创研究，也有对同时期外国学者的成果译介。它们可以展示出，当时的中国伦理学人所接受的伦理思想史框架及其主要线索。

（三）著述类。主要包括近代中国学人对伦理学基本问题的思考和阐发。其中不仅含有一些导论性、概论性作品，也涉及一些基于特定立场或针对特定领域的研究专著。它们可以反映出，当时的中国伦理学人对伦理学整体或其分支的基本判断和理解深度。

（四）讲稿类。主要包括当时使用的若干伦理学讲义或教材。同样地，这一部分也是既包括中国学者或教育者的作品，也包括当时翻译过来作为教材或教学资料使用的文本。它们可以体现出，当时的中国伦理学学科教育所涉及的大致范围和程度。

值得特别强调的是，作为近代中国的思想文献，其在内容和表述上不可避免地存在这样或那样的历史局限。如今看来，其中有些说法和论证并不恰当甚或错误。但是，这也恰好体现了伦理学作为一门人文学科所无法摆脱的历史性与经验性，也再次证明了唯物史观关于道德学说在根本上受制于社会发展这一判断的有效性与正确性。因此，基于对历史事实的尊重，我们最大限度地将这些文献循其原貌，汇编成册，影印出版。我们期待，当代学人不仅能够抱着历史的眼光去认真地观察和理解它们，更能抱着历史的眼光去严肃地批判与剖析它们。只有这样，当代中国的伦理学研究才更可能去粗取精、去伪存真，也才更可能自成一体，贯通古今，奔向未来。

壬寅春于清华园

倫理學要領

此書爲余於北京師範大學講授原稿，先後凡四次改訂，勉以供學界之批評，未盡善也。

我國歷來道德之說：言實踐，則奉古訓爲圭臬，而從事於德目概念之解釋，其病也執。言理論，則歸諸治心，而肆力於心與理，理與氣之思辨，其病也虛。迨西說東漸，其自由平等權利，義務，競爭，進化之說，與古訓大異，其刺激性較大而易於動聽。於是學者復用其曩日解釋舊概念之故智而解釋新概念。所謂新道德，遂於吾國人之聯想作用上大占優勢。不知苟不明人生之理想，不辨善惡之本質，於道德生活，人格眞相，無系統的理解，則不問所解釋者爲孝弟忠信，或爲自由權利，所研究者爲程朱，爲陸王，或爲康德，爲達爾文，爲馬克斯，爲托爾斯泰，皆不免愈說愈支離之弊。況最近數年，青年學子，受世界改造之聲浪所鼓盪，覺現有之禮俗道德皆不足爲言行之準則，遇事輒乘一時之客氣，逞主觀的偏見以定是非，而危險益大。老師宿儒，每嘆思想愈革新而人格愈墮落，此誠非無所見而云然。顧其病因不在德目之革新，而實在人生價值之未明也。

吾國向以成德爲教育之最高理想。黑爾巴特亦謂教育之目的在倫理的品性之養成，乃近日國內教育趨勢，漸偏向於制度，課程，教授等具體的方法，而視理想為迂闊。余始終堅信教育為人格與人格之交感。教育者倘不明人格之眞相，將何從指導？立乎講座上之人格，苟有未純，則環座而坐之人格，將受如何影響？各種制度方法，苟不以理想為根據，將何從選擇取捨？吾友汪典存君，曾發人師技師之論，實獲予心。假令世界今日最新之制度方法，最精良之設備，皆實施於我國學校，是否可大有效，我教育界同志試捫心自問，則良心不難明白告我。又近日我教育界之特產，所謂「學潮」者，果為理想之向上乎，抑物質觀念之為崇耶？明眼人自知之，毋俟余之喋喋也。

國內出版界，屬於倫理學一門，今惟有譯鮑爾生 F. Paulsen 著之倫理學原理，及譯施里 F. Thilly 著之倫理學導言兩種。未免寂寞，今余勉成是書，非敢云創作，亦欲促學界之注意而已。

民國十三年元旦林礪儒誌於北京師範大學

本書之參考書

吉田靜致　倫理學演義

　　　　　道德之根本義

中島力造　現今之自由意志問題

福來友吉　心理學審義

Green, T. H, Prolegómena to Ethics

Muirhead, J, H, Elements of Ethics.

Paulsen, F, System of Ethics.

Dewey, J. and J. H. Tufts, Ethics.

Thilly, F., Introduction to Ethics.

Theodor Lipps. Ethischen Grundfragen

倫理學要領目錄

倫理學要領

信宜林礪儒著

第一章　道德研究之由來及其必要

道德之研究何自來乎？吾人欲解答此問，須先問人生之道德現象何自始乎？人類之起源，大蓋如進化論者所云，由下等動物遞嬗進化者。然生物學者於生理構造上，可承認進化史有半人半獸之時代；而於精神生活上，則不可謂有半人半獸之存在。蓋既非人，則其精神界便缺人類之特徵也。今可想像太古時，動物界中，有弱於搏噬而以共同生活為唯一之生存武器者，厥名曰人。然其社會中各個人之意志每易彼此衝突，甚或與社會意志相左。故人類既有此共同生活，則其團體之範圍雖如何狹小，其內容如何簡單，然必有調和個人與團體意志之衝突，促進內部安寧，以期一致對外之方法。申言之，即共同生活之方法。苟無此，則團體內部之協和立破，而共同生活必不可能。而道德即此共同生活方法之別名也。由此言之，人類之起源，即道德之起源也。

雖然，僅有共同生活之方法，尚未可遽稱之曰道德。在我國古經典，稱個人之道德曰「

德」，稱社會之道德曰「禮」，皆不外習慣或風俗之義。歐文Moral來自拉丁文之Mores其義亦爲習慣，即倫理學Ethics之語源，亦爲風習之意。蓋共同生活之方法，其初藉外部的制裁而實行。迨習而久之，則制裁由外部的漸變爲內心的。人人對於與共同生活方法一致之行爲，則安之樂爲之，而對於其反對之行爲，則嫌忌之嫉惡之，又不必實有其事，即於想像上亦覺有安或不安喜悅或羞惡之情動於中，於是道德的意義益顯著。此即共同生活方法於團體內十分見效之時，而非一朝一夕所能至也。

共同生活之方法，歷時既久，遂十分發揮其效率，而道德之意義大顯。社會藉道德之力，而團體日益鞏固，生活日益發達。所謂發達，即生活範圍益擴張，其內容益豐富之意也。惟道德（禮俗）既爲共同生活之方法，即起自其時之生活狀況者。申言之，有如斯之社會生活，始有如斯善處之之方法。然社會生活之狀況非固定的，而爲變動的，其變化之速度雖時大時小，而必不能長久保持同一之狀況。根據某時之生活狀況而成某種之生活方法，此方法化及於團體內各員，深入於其意識中而成禮俗，其歷時又甚久，則禮俗大成時之社會生活狀況，已異乎禮俗方起之時。社會賴禮俗大成之力而發達益速，即其生活狀況之變化益加大。此可想像而得者也。

由此觀之，共同生活方法之成禮俗，其歷時必久，且方法之本身必為固定的，此一現象也。而生活狀況，歷時久而漸變，賴禮俗之大成而變益甚，及後則漸與禮俗不適應，此又一現象也。此兩現象為相成而又相反者，即禮俗大成而生活益發展，生活狀況愈變化而與已成之禮俗愈隔閡也。惟太古社會進化甚緩，故隔閡之增大亦甚漸，中間雖漸有不適，而人類藉保守之天性，亦仍舊安之而不疑。其時之道德論，惟以禮俗為不易之標準，而鑑別行為之是否與之一致。左傳之臧否人物，輒謂其知禮不知禮，即是意也。是時僅可謂有行為之鑑衡，而未可謂有道德之研究。

迨已成之禮俗與進化不已之社會生活隔閡日益甚，遂至萬難維持，久享泰平之社會各員，忽失其立身制行之準則，社會忽失其維持安寧幸福之所憑藉，於是社會動搖，而人心駭異不安。然人類實有應化之能力者，際環境之困窮，必思所以變通之法，而不坐聽其窮。曩日所尊為無上權威之禮俗，至是始思明其所以不復適用之理由。或與異種族之異禮俗接觸，彼此驚視，乃進而求其所以成立之理由。間有個性顯明思想秀穎之士，沉思默想，忽有所得，遂各大張其說，彼此出入，一般人莫知所適從而驚駭益甚。於斯時也，苟不得一最高原理以解決此駭異，則人心不可復安。故一切科學皆起自人心之駭異，而道德之研究亦不能外是也。

我國道德之研究，最早當斷自周易，而孔子曰『易之興也其於中古乎，作易者其有憂患乎。』古希臘自哲人派 Sophist 倡『人爲萬事尺度』Man is the measure of all things 之說，而是非益難判，人心益不安。蘇格拉底乃應運而出，開道德研究之端，求安心立命之眞理。可見中外歷史上道德之研究，皆始自社會生活大變化，人心思想大動搖，而精神界發生新需要之時也。道德研究之開始，即爲社會生活大進步之徵。社會進步日加無已，欲求如曩日之可久安不變之禮俗不可復得。於是道德研究與社會進步互爲因果，既無一成不易之道德律，即無一勞永逸之研究，此理之所必然也。

我國自海外交通以來，往日之政治制度，家族生活，及社會上一切禮俗，思想信條，漸多覺其不適。且歐洲之學說政治，禮俗，先後東漸，彼此對照，更感其衝突。故思想界之不安及其解決之需要，爲歷來所未曾有。世人往往有欲盡棄固有思想，採用外來思想，以謀解決者。不如舍己從人，不外去此就彼而已，安可謂之解決？政治，教育，道德，等精神上問題，決非可以翻譯解決者。且歐洲思想自十九世紀以來，亦多爲未決之問題。信仰與理性之衝突，宗教上之問題也。個人之人權與市民之義務，政治上之問題也。愛國與人道之衝突，利己與社會幸福之衝突，快樂與義務之衝突，自由與法律之衝突，又狹義之道德問題也。此等問題既輸入我思想界，勢不能視若秦越。故吾人既當解決自身所發生之問題，又須共同解決外來之問題。於此可見研究道德之本質，探求人生之理想，尤爲我國人士當今之急務矣。

第二章　何謂倫理學

倫理學者，概括言之，研究道德的善惡問題之學也。宇宙事物。除人事外，多可以善惡名者。如善歲，惡歲，善木，善馬，惡月，惡木，惡錢，惡疾，惡溪，等是。然此等所謂善惡云者，非論此等事物之自身。而論其對於人生之功用。蓋善惡之價値爲人生所有事也。吾人具有生存目的。凡事物之有俾益於其自身，及其種屬之生存發展者，謂之善，若有害於是者謂之惡。然生物之中，除人類外，其餘草木禽獸亦莫不具生存目的。何故動植物界獨無善惡之可言乎？曰，草木禽獸之有生存目的，爲近日研究生物學者所發見。其目的實非草木禽獸所自覺，而爲吾人觀察想像所認定。然則生物中能自覺其生存目的者唯人類而已。彼動植物既不能自覺其生存目的之所在，故其活動雖多有合乎其生存目的者，而亦無善惡之可言，因其活動皆爲衝動的而非自覺的也。惟人類既有生存目的之自覺，乃思以種種方法實現之，遂發爲行爲。凡行爲莫不與生存目的以影響。故倫理學家大抵認行爲爲倫理學研究之對象。雖然，行爲分內外兩面，其內面含有思想，感情，觀念，動機，意志，審擇等，心理學即研究此等之現象者也。其外面則爲對於宇宙及社會之影響，社會學，經濟學，政治學，法律學等，研究其外面者也。倫理學之研究行爲的內面也，則不能不以心理學研究之結果爲根據。其研究外面也，亦多取資於社會的科學之研究結果。故倫理學實合行爲之內外兩面而研究之。研究內面之時，則注重其與外界之關係：或受外界之制限，或變化外界之制限。研究外面之時，則注重其與心內之關係，其心中之計畫如何，及其影響於心術者如何。蓋生於心者必發而爲事，遂影響及於外界。倫理學即以是爲着眼點而判其善惡，非若心理學之僅說明其意識過程之現象也。社會上之活動，莫非心意之表現。且復能影響及乎心意。倫理學即以是爲立脚地而評其影響及乎人生幸福之價值，亦非惟說明其表面之事實現象而遺其內面之精神也。

科學可大別爲說明的與軌範的兩種，研究事物之實在情形者，曰說明的科學，研究對於事物之評價者曰軌範的科學。今有殺人之事發生，自生理學觀之，兇手之筋肉伸縮，持刀而刺，被害者之血管破裂而致命。又自心理學觀之，兇手受某種刺激而生謀殺之動機，其動機漸强，禁止力漸弱，遂成决意而行刺。又自法律上觀之，故意殺人者應科以死刑。而自倫理學觀之，被殺者因此而喪其軀，其家族親戚朋友感莫大之悲痛，社會上一般人之精神受一番戕暴之刺激，而此事適足以表示兇手之戕暴根性，其兇性將因此而益加甚，故蓄意殺人惡行也。是爲倫理學研究行爲之着眼點，即道德的評價是也。

吾人恆以言忠信，愛和平，最大多數最大幸福，相勸勉，則吾人實負有採某種行爲之義務也。存誠寡欲寧神明志，是吾應具有接物處事之襟期也。某政策爲輿論所歡迎，而吾人必審其動機，苟出之不以誠，弗之許也。顧有人於此，誠心爲惡矣志自利，則又爲社會所不齒。由此觀之，吾人評行爲之善惡，必審其爲「某種」行爲，察其「胡爲」出此。「某種」者行爲之質地也內容也。「胡爲」者制行之形式也態度也。試姑不問其「胡爲」出此。而專審其行爲之爲「某種」，則吾人之着眼點有二其一該行爲表示其人品格之高下，其二對他人之影響是也。耽逸樂貪利祿者，人皆賤之。力學自修忠厚謹愼者，人莫不敬之。精神生活與肉體生活，優雅與粗魯，高尚與卑汚，善惡二元之對立，人所盡知者也。至行爲對於他人之影響，正直仁愛善也，奸詐自利惡也。又盡人所知者也。吾人更就「胡爲」出此……制行之態度……之方面觀察之。吾人評行爲之善惡，每立一準度以量之，合此者善，否者惡，此即有權威之道德律，可以遏人欲之發動者也。能謹守此道德律以立身制行者，誠實君子也。吾人評行爲之善惡，又每察其價值，即察何者當爲吾所欲也。此亦一道德標準，但表示目的而非規律耳。吾尋此目的而務求自己合乎是，是謂理想。故不爲欲蔽，不事盲從，探至善之所在，評目的之價值，而構成理想，以力求實現者，誠實君子也。吾人於是可統計道德的行爲之特徵如左。

行爲內容

(a)表示其人之品性

(b)對於社會之實際影響

制行態度

(a)尊重有權威之道德律

(b)預察行爲之價值

心理學之說行爲也，約分三段階。第一本能段階，無意識之盲目活動也。第二意識段階，有志望，反省，審擇，決意，之行動也。第三習慣段階，已經意識決定之行爲反覆習慣，遂以無意識出之也。意識實介在沿習與自動之間，遇本能或習慣不能應付外界時，意識乃出而決擇行動之最合目的者。一面創出自覺的行爲而使之成習慣，一面又審查改革舊習慣而別創新行爲。如斯由行爲而習慣，由習慣而新行爲，更由新行爲而成新習慣，更迭翻新而道德之進化行。此所謂習慣者，在個人則爲品性，在社會則爲風俗。個人欲養成善品性，社會欲養成良風俗，此意識進行之鵠也。顧亦僅爲相對善而非絕對善也。雖以聖賢或文明社會，其品性風俗，亦隨世運而日進不息。故習慣者亦意識進行之目的，亦其起點也。總之人生之所以日加豐富日臻完善者，意識作用爲之也。以其爲道德進化之最要部，故可稱之曰道德心，吾人所應注目者也。

人類既爲有機體之一，斯必有其要求。飲食男女，宮室衣服是也。人欲遂各種要求，斯不能不賴乎智識。而理性者運用智識以供其要求者也。顧理性發達，則得兩種新現象。其一爲改變原要求，脫却簡陋之形式而加入高尚之意味。其二爲發見新要求，而形成人類特有之目的。是於人事界可見之。由飲食而演成牧畜耕種工商等之經濟生活。由男女而生戀愛成家族組國家，遂演成慈愛忠孝等倫常生活。由宮室衣服而演爲建築裝飾等美術生活。此外又建廟宇，拜神佛，制文字，創神話，作理論，求知識，立制度。由肉體的要求，漸進乎精神的要求。不僅有目前尋常之欲望，而有永久高尚理想的欲望。浸假而塵世觀念與精神觀念互對峙，而物質的自我 Material self 遂隸屬於理想的自我 Ideal self 是爲道德的理想化。Moral Idealizing

人類有男女遂有家族。有衣食住之欲望。遂有協力扶助之需要。以言語換知識，以農工供需要，以貿易通有無。有家庭以營生活。有宗教以定信仰。有政治法律，以謀幸福，衛安寧。

社會生活愈發達，則各個人互相關係愈密切，而個人之能力愈覺增大。自心理學上言之，是謂社會我Social self之構成。個人既爲社會之一員，斯不能不變其志趣。同情也，公共目的也，公共利益也，皆所以構成此社會我者也。其始也，以共同生活爲維持個人幸福之具。及社會我之既成，乃覺社會幸福爲個人幸福之所附麗。於是利己心與利羣心相對照，而權利與正誼之觀念起。是爲道德之社會化。Moral socializing

道德之理想化，社會化，之二作用，初無已時者也。行爲愈近於理想化社會化者，斯其價值愈高，而愈覺其善。故曰趨於理想化與社會化之二作用，遂爲判斷行爲之標準，即吾人制行之目的。高下於是乎分，善惡於是乎判。

綜以上所述觀之，倫理學之研究行爲，研究其道德的評價也，而評行爲之價值，則以其內容及制行態度爲着眼點。行爲又以養成品性爲歸宿。至道德的意義，又附麗於理想化與社會化之二作用。然則倫理學，乃研究理想的社會的自我，應採何種行爲，具如何品性，抱如何襟期之學問也。

第三章　行爲及品性之道德的意義

第一節　行爲

風吹也，雨降也，星體之運行也，皆爲宇宙間自然物之運動，初非具有目的者也。雞之司晨，犬之守夜，馬之馳驅，雖未嘗不足供吾人之用，然亦不過動物之衝動，爲吾人所利用而使之適於吾人之目的，具此等目的者仍爲吾人，而彼雞犬馬初不之覺也。自然物之運動，與動物之活動，皆不足爲道德判斷之對象，以其無意識也。然則負道德責任之行爲（conduct）乃人類之自覺活動是也。故受道德的判斷之行爲所必具之第一條件，即意識的是也。自知己之所爲，此行爲之要件也。寤寐之反側，夢中之囈語，雖未嘗非人類之行動，而自己初不自覺，故道德上之責任可置諸不問也。雖然，自知己之所爲，則誠爲意識的矣，而僅如是仍未必即受道德的判斷也。如呼吸作用，吾人常殆不自覺，而未嘗不可自覺也。顧呼吸雖可爲意識的，而仍不負道德之責，因其作用爲反射的，自動的，初無決擇取捨之餘地也。是故行爲所必具之第二條件，即自己意志選擇決定之故意活動是也。未嘗不可爲他事，而故意捨彼而出此，是謂選擇決定。此選擇活動實含有意志之作用，故稱之曰有意的活動。Voluntary action 道德的判斷之對象，即有意活動是也。

惟有意活動始有道德的評論之價值，故可簡稱之曰道德的活動。然所謂道德的者，言其可以善惡論也，非即謂之善也。有善惡之可言者曰道德的，Moral 人類之有意行爲是也。無善惡之可言者曰無道德的，Non-moral 或非道德的 Un-moral 自然物之運動。禽獸之衝動，人類之無意識活動是也。人之善行亦稱曰道德的，Moral 但此對於惡行之不道德的 Immoral 而言也。故道德的 Moral 一語，實兼有廣狹兩義。有善惡之可言，其廣義也。善，其狹義也。今有行竊者，其行爲若就狹義言之，惡行也，不道德也；然就廣義言之，則仍有善惡之可言，道德的 Moral 也。人之行爲倘皆爲非道德的，Unmoral 無善惡之可言，斯已失其所以爲人矣。

杜威 Dewey 言行爲是因價值觀念而喚起之活動，同時起若干互相衝突，不能兩立之價值觀念，吾人於其中特選其一而實現之，是爲行爲。畢竟是選擇活動也。惟所謂價值觀念云者，主觀的欲望而非客觀的評價也。如物質的個人的要求與理想的社會的要求，若既不能兩立，則按客觀的價值標準，有一爲眞，其他必爲僞。然當客觀的價值未確定之先，則在主觀方面，皆覺其可欲，而二者又不可得兼。於是疑惑煩悶，亟思謀解決而後快於心。負此解決之責者，吾人之自由意志也，良心活動也。

是故人之所以異乎禽獸者，以其於制行之先，自己有看出問題之能力也。而此能力之發展，又智之所以異乎愚，賢之所以異乎不肖也。吾嘗謂惟人生始有問題，人生就是連綿不絕之問題。羣賢者之生活，能見微知著，隨時隨地尋出問題而自由活用其良心，故其生活高尚而豐富，有「山重水複疑無路，柳暗花明又一邨」之概。倘對於自己之行爲，倘無決擇之能力，則異常之人耳。必也臨事之時，徬徨遲疑於相矛盾的欲望之間，最後尋着一條血路，具一番決心而實行之，斯道德之價值見，即人之所以爲人也。是故善之可貴者，以人可爲惡也。惡之可賤者，以人可爲善也。可爲之而不爲，可不爲而爲之，則在乎吾人之自決，而道德之評價於是生矣。

然則所謂無道德或非道德之行爲者何也？今列舉其重大者如下。

無意識 Unconsciousness **恍惚** Absorption 衝動之急激 Suddeness of impulse 力 force

無意識云者，不自知己之所爲也。如夢中步行 Somnambulism 及夢囈 Somniloquence

等動作是也。恍惚云者，如聞樂觀畫不覺神不守舍之謂也。衝動之急激云者，一時發作，遂無審擇之餘地，如聞樂不覺而擊節，觀舞不覺而手舞足蹈，見美味不覺而染指之類是也。至所謂力云者迫於自然力或人力之不得已行動也。如船長遇風，不得已拋棄行李貨物於海，是迫於自然力也。至人力則專指肉體力而言。如遇劫被擄，不得已也。若精神力則决不受强迫。齊太史之頭可斷而簡不可易，方正學之九族可夷而登極詔不可草，烈士仁人之見危授命，即精神力之不可屈也。又無意識恍惚衝動等狀態，臨時雖不能制止審擇，而未嘗不可預防於事前。倘藉口於無可如何，一意放任，漫不作先事預防之計，則仍不能免道德之責也。

第二節　品性

前節所論有意之行爲，誠負道德的之責任矣。然此惟就制行之態度言之耳。吾人批評行爲之着眼點，更有就其內容，即行爲之種類而下月旦者，不可不知也。孔子七十而從心所欲不踰矩，盜跖日殺不辜，肝人之肉。張獻忠亦日以殺人爲快。蓋孔子之胸中，無一非忠恕之念，更無審慎决擇之必要。盜跖張獻忠則滿腹都是虐殺動機，亦無所用其選擇。苟必以有意決定爲評善惡之條件，則孔子不踰距之行不足羨，而盜跖張獻忠之戕賊不可罪矣。而世固未曾有薄孔子而恕盜跖者也。杜威博士曰「自利之人，未必專爲己計，未必詳審彼我之利害而後擇其利己者。通盤打算而後故意以他人利益供犧牲之人固甚少也。自利之徒，初未嘗留意計度人己之利益，惟其性質自然流於利己而不顧他人。故其損人利己之行，初非熟計而後爲之者，彼固未嘗有顧慮他人之念也。」由此觀之，自利之行，亦未必有意也明矣。然而吾人於孔子則曰聖，於盜跖張獻忠則曰賊，於損人利己則曰惡者何也？曰，吾人評行爲之善惡，不僅審其制行之動機，而又察其行爲之內容也。不必故意而自然作某種行爲者，曰習慣。具有某種習慣之人，曰其人具是品性。Character 是故吾人對於非故意之自然行爲而論其善惡者，非評其行爲，而實評其品性也。溫特 Wundt 教授曰，「品性者以前意志活動之總果，以後意志活動之原因也。」杜威教授曰，「品性者，個人自動的趨向及趣味之全體，所以使人對於某目的則熱，對於其餘目的則冷，遂自然僅知有某種結果，而不計或仇視他種結果也。」吉田靜致博士曰，「吾人屢作同樣之有意活動之結果，遂成易作某活動而難作某活動之傾向，而養成表現其所易爲之習慣性，乃名之曰品性。」若志力學則養成勤勉之品性。日事博奕飲酒，則養成放蕩遊惰之品性。其善惡之種類不一，而不外某種行動之習慣也。吾人對於習慣之行爲，不論其胡爲出此，而專論其行爲之種類，即對其品性下月旦也。故道德的判斷之對象有二，其一，行爲，其二，品性也。顧品性即爲意志活動之結果。自動的趨向，及趣味之全體，同種行爲之習慣，則吾人所以評品性之善惡者，以其經過許多有意活動而得來也。吾人論行爲，則着眼於其意志，論品性，則溯及其所自來之意志活動。兩者着眼點初非絕無關係也。且具某種品性者，人都有某種行爲。教育之設施，即以是爲論據。教育之目的爲養成良品性，因假定品性良者大抵有善行也。倘品性與行爲不一致，則教育亦徒勞耳。

雖然，吾人之論行爲也，或預計其有是品性而論之，或預計其無是品性而論之。如善人而偶有不德之行，則責備賢者之例綦嚴，以其不能謹守品性也。吝嗇者忽有疏財仗義之舉，必褒美之有加，以其本無是品性而勉強行之也。於是得相對之二論法，一則責不能保存良品性者，一則嘉能改良劣品性者也。蓋品性爲其以前意志活動之果，又爲以後意志活動之因。就其曾費許多力量言之，則善可嘉而惡可貶，能保存善品性者可嘉，不能保存者可責。然就其能牽制以後之意志活動言之，則能改良劣品性者必費多大努力，故尤可喜也。於此可見品性固足以左右行爲，而勉强努力之意志活動，亦未嘗不可以影響及原有品性而改變之，以成新品性矣。其爲事雖靡易，而非絕不可能也。保家令子，居恒勤儉，而回頭蕩子，亦有翻然知悔而節約者。慈祥者恒不忍害人，而劇盜亦間有因良心發現而放下屠刀者。其品性各殊，而行爲則一。倘浪子深自怨艾，則將成節儉之新品性矣。劇盜能投刀買犢，則善良品性亦將成矣。然苟偶悔悟而故態復萌，則一念之善亦復泯矣。於是可見行爲與品性大抵一致，然反乎品性之行爲未嘗絕不可能。但偶有之，則其影響品性之力甚微，屢行之，則變舊品性而爲新品性矣。

由此觀之，品性之第一要素爲意志活動之反覆，即由修養而成者也。此外尚有品性之要素，境遇及稟賦是也。故意志活動之反覆，境遇，稟賦，三者爲品性成立之三要素。境遇者，圍繞個人之外界諸勢力也。大別爲自然境遇，社會境遇，人爲境遇之三者。自然境遇者，山川風土之影響也。大陸之民多沉毅雄偉，海國之民多活潑進取，沃土之民多材，瘠土之民多憂是也。社會境遇者，社會組織中之社會現象所予個人之感化力也。專制之民多墨守固閉立懿之民多踔厲奮發秦以前任俠而尚武秦以後寬柔而忍達西漢重勢利而東漢尚氣節，孤臣孽子，操心也危，慮患也深，皆社會感化使之然也。人爲的境遇云者人類故意謀身心發達之成案的影響即教育是也。要之境遇之影響及人品性者，正不少也。至於稟賦，大抵得自遺傳者也大別之爲知能及情意兩面。知能的稟賦，有上智中人下愚三種。孔子曰，惟上智與下愚不移。情意的稟賦，又名氣質 Temperament 古希臘醫者希博克拉提斯 Hippocrates 析之爲膽汁質，Choleric temperament 粘液質，Phlegmatic T. 憂鬱質，Melancholic T. 多血質 Sanguine T. 四者。膽汁質之性，熱對於刺激之情意反應速而强。粘液質之性冷，其反應遲而弱。憂鬱質之性沉，其反應遲而强。多血質之性浮，其反應速而弱。其分析法雖未盡合乎生理學原理，而實得自許多經驗之結果。故溫特教授仍沿用之。此四質皆與生俱來，似無評善惡之價値。然實際吾人類皆兼有此四者，惟各有分量之偏耳。恬淡熱烈沉毅之質，皆吾人所不可缺者。培其特長、去其已甚，補其不足，視教育修養之如何，不得藉口生得而放任之。此讀書所以貴能變化氣質也。

是故自意志活動之結果言之，以前之意志活動，雖可左右現在之行爲，而今後之努力，亦可變更自來之習慣。自境遇言之，環境雖足以支配個人，而個人亦可改良環境，轉移風氣。蓋風者宇宙空氣之流動也。風氣者，人類精神之交感也。俗弊則士偷，而士礪則俗化，社會之產士，與士風之化俗，皆人類精神之一呼一吸，一聚一散，而社會之進化行。人之所以爲人者，以其不專受環境支配，而又能改良環境也。更就氣質言之，四端既貴擴充，斯氣質尤重變化。所謂彌性也，節性也，化性也，皆就先天的萌芽而加以引導調節之功也。初非一成不易者也。總之品性之所以有道德的評價者，以其對於行爲有互相影響交互張弛之作用也。本乎品性之行，吾人則溯及其以前之成績，反乎品性之行，吾人則評其今日之努力。

第四章　意志自由問題

第一節　問題之由來

吾人講道德，論行爲，其實莫不先有意志自由之假定。然意志果自由乎否乎？未易決之問題也。自有倫理研究以來，學者多爲此問題所困。蓋意志之自由與否，直影響及乎倫理學之根底也。草昧之人多受迷信所支配舉自己之運命委諸造物之手初不自覺有自由也。迨人智漸啓，有征服環境之力始信自己有意志之自由。從來一委諸命運之人生至是而主客勢殊，人皆欲以意志左右命運。於是意志自由說大占勢力於思想界。不意近世科學研究之結果竟生否定意志自由之傾向。蓋自然科學固爲吾人征服寰境之具，而以科學眼光觀之森羅萬象皆支配於因果律，未有無因之果。吾人之意志作用，似亦不能外是。意志作用既必有其原因則其非自由可知矣。於輓近科學萬能之世，物質主義實証論着着得勢，意志自由說幾全失其論據。顧吾人意志果毫無自由能力，則吾人惟日隨自然法則而行動，與禽獸無別。道德無所用其褒貶，教育無所施其陶冶，而法律無所行其勸懲矣。精神文化不亦殆哉。今試分析研究之。

第二節　神學的見解

神學者，認神爲唯一之實在創造者，神意爲唯一之自由。人之初生，神已預定其命運。故凡一言一行，皆不能踰命運之前定，其意志不可得而自由也。蓋神全知全能爲萬物之主宰，凡事莫不預知，亦莫不能爲。倘人有自由意志，能爲神所不預知，則神將喪其支配萬物之能力，而失其所以爲神矣。故謂意志自由者誤也。

顧神之全知全能，果如神學者所云，與人之意志自由不能兩立乎？詹姆士 James 教授謂譬如奕棋，善奕者能盡知對手者可得而着手之方法，然實際上將出何着不可得而知也。神雖可豫知人類之一切行爲，然實際不知其將實行某舉動也。惟其如何行動，皆爲神所預知者。故初無意外之感。全知全能之神，雖可豫知人之一切行爲，而不必限定人之意志活動。譬如教師預知如斯教其生徒，將得如何結果，而教師毫不限制生徒之自由也。知者，智之事也。行者，意之事也。不能以己之知限制他人之意。故神之全知不妨人之自由也。又人之自由於神之能力不能有所增減。因神既爲萬能，則人雖有所能，亦無傷於神也。蓋神既創造人類，各生之於某一時代，而使之生存於某一社會，而預定其命運，而使之於其時代，其社會，有所作爲，而與之以自由。人類得是自由而盡其天職。由此觀之，神未嘗不可許人以某範圍內之自由也。故以神學爲論據而否定意志自由，似屬未當。

第三節　哲學的見解

唯物論之哲學者，認物質爲宇宙唯一之實在。物質發各種運動，或結合，或離散，而惹起宇宙間一切現象，悉受因果律之支配。因果律恆作用於同類事物之中。申言之，原因與結果非同類事物不可也。然吾人之發動，肉體的，即物質的發動也。故生之者非物質的不可。倘以意志爲動作之究竟原因，則原因爲精神的，而結果爲物質的，此因果律所不許也。萬象皆受因果律之支配，則意志作用亦不能外。是故意志非自由者也。

唯心論之哲學則反是。彼以心爲宇宙唯一之實在。萬象皆由心生。所謂心者，有自定其所欲之目的而決定實現之之作用者也。心之作用爲原因，而起一切活動。意志作用本自心之自己決定。故非必然的結果，而爲創作的計劃的活動。自己先有所期，乃由此而定其動作。是爲心之特徵。故意志作用決非支配於機械的因果律之必然的結果，實自由定其目的，而有實現自己所定目的之能力。故意志作用自由者也。

心與物二者果孰爲實在，於哲學上尚屬疑問。則唯心論之主張意志自由，與唯物論之主張意志必然，假皆未可信爲不破之論。因果律誠爲一切現象之法則。顧所謂因果律云者，未嘗不可認爲吾人由自己意志作用得來之觀念。吾人有執意即起變化，爰以意志作用爲原因，其所生之變化爲結果，乃知因果律之存在。於是吾人不僅就自己之意志作用，認有因果律，且適用之於物質界。遂信物與物之間有因果存焉。若根據物質界之因果的必然，而否定意志之自由，能免本來倒置之嫌乎？由此觀之，意志之是否自由，訴諸哲學的思索，亦未得滿足之解決也。

第四節　科學的見解

生物學者，認環境與遺傳爲生物進化之二大條件。生物受外界之刺激而順應之之能力，得自遺傳。因其力之强弱，而定其生命之能否保存。吾人之活動受此原則之支配，與其餘生物初無二致，故不應獨有自由意志以指導其行動。如爲保存生命計，有飲食之必要。爲繁衍種族計，有性慾婚媾之必要。人類一切行動，大抵直接或間接支配於食色二性之法則，安得有完全自由？雖然，所謂進化云者，不可專以自然論解釋之。倘謂進化之原因專在外部周圍之條件，則進化與自由誠不兩立。而實不然也。進化之成立，因外界之刺激，而同時必有內部之可能性。是可能性應外部之刺激而發現，則自由在其中矣。白克孫 Bergson 認進化之內部的要素重於外部，故倡創造的進化論。Creative Evolutian 內部之潛在力，因刺激而發生。故自由與進化初非絕對不相容者。生物雖同受遺傳與環境之支配，然人類與其餘生物有同樣性，亦有相異性。禽獸以本能爲特徵，而人類以智能爲特徵。禽獸無理性，而人類有理想。此人之所以異於禽獸也。人欲達某目的，而知其種種方法，而生物初不自覺目的與手段之區別也。安可將人類與禽獸一律看待乎？且生物學者嘗認動物有選擇力，雌雄選擇是也。動物尙有選擇之自由，而反謂人類無之可乎？又衣食住固爲生存之要件，然人有道德的意識曰良心，不僅賴食色而生存也。投骨於地，犬則猛然而爭，而嗟來之食，則人不受之，萬鍾不辨禮義亦不受之。生理上之必要，實未盡足以支配人之意志，良心之安否，視生理上之必要爲甚也。由此觀之，又安見生物非因愈進化而自由愈增耶？

近日心理學研究進步，已知吾人之情神活動，大抵按一定之法則，而意志活動之原因，亦多所發見。其最顯著者暗示之効力是也。法人李勃 Bibot 述某人於夜十時施某少婦以催眠術，而以暗示命之翌朝三時外出。旋解醒之而復其常態。屆期，該少婦果遽起外出，雖阻止之亦不聽。當此少婦恢復常態之時，初不自知其曾受催眠也。及其外出之時，固自覺爲自由意志也。孰知實有原因存焉。類此之事，實不知凡幾。人所自覺爲自由者，未必無原因，如時代流行等是也。就世上所謂人類之自由行爲，統計而觀察之，多可見其受種種規定。文明社會中，結婚犯罪，自殺等事，皆人所認爲自由者也。然社會苟無急變，則每年對於是社會人口總數，所發生之結婚數，犯罪數，自殺數之比例，殆與常數相近。統計學者稱結婚數之比例，實較死亡數之比例爲恒定。死亡實出自因果之必然，而與意志無關者也。然其比例數竟不若結婚數之較有規則。由此等事實推之，可知某國民之受歷史及自然所規定之社會狀態，對於其國民之意志動作，實有莫大影響。雖自覺爲自由動作，實受種種規定，故成此有規則的比例也。又於吾人日常經驗中，亦有可注意之點。畫家之作畫，似係由其自由意志。然同一名家之畫，其風致意味大略同相。鑑賞者能辨別之。又某時代之畫家，書家，文豪，大抵不能脫其時代之風氣體裁。要之人所自覺爲自由者，其思想觀念實有所拘束也。

按複雜的意志活動，必不免動機競爭之過程。當多數動機觀念並起於心中，吾人欲決定其一爲目的觀念而努力扶植之，使之獨占意識之中心，於是生動機選擇之感。意志之自由與否，可依努力之自由與否決之。此時所用之努力，若能自由增大，務達到壓倒反對觀念，則吾人之意志，自由者也，倘吾人之努力不能過一定之限度，逾此以上則不能復加强而終歸無效，或吾人所以努力扶植某一定之觀念，初非自由發動，乃實有使之然之原因，則意志不自由（必然）者也。心理學稱動機決定之原因大別有二。其一爲動機自身之資格。其二爲人之性格。其動機之性質，若甚合乎是時之意識狀態，則有獨占之資格。而人之意識全狀態，大抵有被優勢的傾向所統一之系統，是爲性格。此系統非惟現在的統一，前後皆有統一。現在之系統爲前系統所規定，而前系統又爲再前系統所規定，卽橫有統一，而縱亦有統一也。於此可見某動機可藉無限原因而使吾人努力扶植決定之也。蓋自然現象之中，其原因甚複雜之時，亦有不能悉知者。意志作用之心理原因更爲複雜，故亦不能盡顯於吾人意識中。有小部分雖明現於自覺域，而與之聯關之諸多作用，呈朦朧不明之狀，茫乎不能捕捉，殆出乎自覺域之外。然顯明之自覺域中所起之事，受此朦朧不明之範圍所規定者甚多。此朦朧不明之範圍內所起之事，又兼受環境遺傳及過去經驗之影響。如斯受多方面所規定之朦朧不明之範圍所影響而成立之意志動作，卽令其原因不明，亦不能遽斷其爲無因。雖自覺若自由，而實不能證明其爲無因也。

雖然，未可遽視爲機械的必然也。吾人生於社會，雖常受社會上有形無形之制裁。然有法律之制裁，而未嘗無犯罪者。有輿論之制裁，而未嘗無反對輿論之人。可見吾人之意志非悉受社會所束縛矣。社會現象之統計，僅可以暗示意志之非絕對自由耳。而不能證明意志之絕不自由也。更就個人之心理言之，動機誠爲意志活動之條件。然謂最强之動機必左右意志，則未盡當也。惡人應以惡動機爲最强，而惡人未嘗絕無翻然悔悟者。倘謂是時以悔悟之動機爲最强，是則爲悔悟而特生一最强之動機矣。最强之動機既可以努力故意創出，則非自由而何？

第五節　原因與自由

綜上述諸見解觀之，心理學所發見意志活動之各原因，最爲確實。然僅能證明意志活動之有原因，而不能證明其無自由之餘地。反對之論，亦僅能證明意志活動之非不自由，而不能證明其絕無原因。於是論爭之焦點漸歸着於原因與自由是否絕對矛盾矣。

所謂意志自由云者何也？吾人欲答此問，不可不先明「自由」之語義。今可以極通俗之義釋之。設如謂「樹自由成長。」即此樹之成長，出自其本身，樹依其自然之本性而成長，吾人認樹之所以成長之理由或原因，在此樹性質之中之意也。因其爲樹。故有如斯之成長。若樹以外之他物妨礙樹之成長，或强制之於他方向，則此樹之成長爲不自由。然則吾人謂人類之意志自由，或謂人於其決意時自由，與適所述之自由亦同義，所異者彼爲樹之自由，此爲意志之自由耳。

所謂人之意志自由，或謂人於其決意時自由云者，卽人之決意，於人格之本性中，有其理由或原因之謂也。人類自已決意時之意志活動，謂之自由意志。若決意不自由則反是。卽彼內面之人格被異乎彼之他物妨礙其決意，或强迫其決意而至於異乎其常也。

所謂「意志之自由」之概念，可析之爲兩層意義。第一義爲吾人於決意時自由。第二義爲吾人之決意於其活動時自由。前者爲意志自由之本來的意義，後者卽行動之自由之意。然前後自由之概念則同。例如拘禁於獄中者或爲暴力所挾持者，皆失其自由意志者也。彼之行動不能如其所欲，又雖有所決意，亦歸於無效，故不自由。然所謂不自由者。其人現所居之處所行動之方法，皆出自異乎彼者所强制也。卽其行動之理由或原因，不在乎彼自身決意之中，而在投諸獄者，或挾彼行者之意志之中也。反乎是，某人之行動，若依其自身決意之時，中言之，其理由或原因在彼自身之中之時，則謂之自由。又吾人之決意若受障礙或受强迫之時，亦不自由。如彼催眠者之意思，及醉酒者之意思，皆不自由者也。反乎是，若不受他物之障礙或强制，而決意自身活動之時，則人皆稱此人格於其決意時自由。而此所謂自由，亦此人格於其本性中具原因之意也。總括以上所述，則自由云者，吾之作爲，起因於吾之人格，或其原因不在異乎吾者之中之謂也。行動之自由云者，行動起因於決意之謂，而決意之自由云者，決意起因於決意之人格之謂也。如此意義之自由，人皆有之。但其程度有多少之殊耳。

吾人更細察之，意志自由，又確含有選擇自由之義。吾人於將有所決意之時，輒有兩相反對之諸多動機並起。吾人即於是行選擇。此選擇作用，即成立於一方之動機克服他一方動機之時。然此選擇作用如何而自由乎？今先問如何而不自由乎？例如當諸動機交戰於中之時，忽受外部之壓迫，吾人之行爲不得已而傾於一方；或於可起作用之諸動機中，有某動機受外來之作用，（如催眠麻醉等）而至於麻痺，則皆不可之謂自由。而此種不自由與前述之不自由同義。反乎是，吾人之選擇若不受强制與障礙之累，詳言之，於諸動機間之決定，悉出自吾之本心，於吾之本性吾之情懷吾之性向吾之信念之中有充足之理由十分之原因之時，則吾之選擇自由也。

論者或謂意志選擇之自由云者，謂人可同時行兩相反對之決意也。其人現在雖決行某事，然彼仍可得決行他種正反對之事，斯爲選擇之自由。顧所謂「可得」云者何意乎，譬如中秋之夕，實爲晴天，然吾假想中秋夕「可得」降雨，則其中含兩層意義。第一因吾不明中秋夕之氣象所以必爲晴天之諸原因，故謂其亦「可得」降雨，然則吾此「可得」之主張即不外表示吾之無知也。第二因是夕實有多少降雨之原因，故吾謂其可得降雨者，知其有多少降雨原因之存在也。是吾知某事件一部原因之存在，故該事件雖不發生，亦謂其可得發生也。

於吾人之決意亦然。故教授李培初先生爲大理中學校長，寇至，毀校殺人，先生挺身而出，諭寇以理。吾人謂李先生於是時亦可伏匿室中而不出。是因吾未明李先生所以必出之理由也。倘吾悉知所以使李先生必出之外部環境，及其精神內部之全組織，其先天後天的性向，其將決意時內心之細微刺激，則吾必曰，按此等一切情形，李先生實無不挺身而出者。但吾人之决意及行动，常受種種無數原因所規定。此無數之原因，有可明知者，有不能知者。又吾人已往之全生活，對於吾人個個之行動，屢有若干作用，此皆非吾人所能盡知，故往往不自知某種行爲之所以必然。而吾人決不能因是而否定原因，惟不知之耳。因不能悉知其一切原因，故可假想他種反對行動亦可得而有也。吾人依一定之方式而行動之時，心中更有某種動機，其本質可使吾人出於別種行動，而吾人實不遵此動機。然他方之動機倘不强烈，則吾人或將遵此動機而行矣。故所謂可出於別種行動云者，因有是動機也。申言之，吾人由此可見有諸多動機，此等動機都有發爲行動之可能。

由此觀之，所謂意思選擇之自由云者，非無因之謂也。其實人之行爲，常有一定之原因。此等原因或在吾人之中，或在異乎吾者之中。再申言之，行爲之原因，時多在吾人格之中，時多在異乎吾者之中。而自由則應前者之程度而增多，應後者之程度而減少。

論者或又釋意志自由之意曰，即令吾盡知某人行爲所由起之一切原因，亦不得謂彼之行爲被此諸因之綜合所規定。即不得謂彼在此諸因之下，不能於其現在所爲之外有所決意也。縱令現有諸因毫無變更，亦可行完全反對之決意。由此諸因之結合，可生現在之動作，亦可得有全反對之動作，是謂意志之選擇自由。

此說釋自由之義，與吾人所見大異。所謂人之決意爲自由云者，謂其決意爲其人格所規定，有如斯之人格，故有如斯之決意也。今謂決意自由，是決意不受外界與人格兩者結合所規定之義，是人之意志活動與外部一切作用及人格中心之特質，皆毫無關係之謂也。如斯之意志活動，果可得而有乎？其實吾人決意之原因甚妙微而複雜，不能完全透視之，依吾人自覺之經驗，不可得而一一指明其起因，然決不能謂之無因也。

論者每疑有因便是必然，既屬必然，則意志決定之道德的評價將不能成立。其實誤也。人之決意若被强制，誠可謂之不自由。然此所謂强制，必有被强制之我，與强制我之「非我」對立。蓋强制爲此加於彼之作用，則必豫想作用者與被作用者之區別。然吾自己强制則與此義大異。此時實無强制之作用，因無此加於彼之作用也。吾之決意爲吾所强制，即吾爲吾之意思決定的理由也。我不爲非我所强制，亦不爲非我所障碍，乃我自己決意，即自由也。所謂意志，即個個意思活動之表現，非何種特殊之力，亦非存乎吾中之何種特殊實體，不能離乎吾而獨立存在者也。故意思即我也，即我自己活動之人格也。決意云者，吾人格内面向於某標的之活動也。故意思即我，意思之自由即我之自由，亦即我内的人格之自由也。我之人格惟可脫乎非我而自由而不能離乎自己而自由獨立。故意志亦不能離乎我或我之人格而獨立。決意既爲吾人向於某標的之内的活動，若認爲離乎我而獨立者，則毫無意義矣。瓦德 Ward 教授言動機衝突云者，非動機與動機之衝突，乃吾人就心中所有之動機決取捨而起衝突，即自由選擇之作用也。恰如商業上商品競爭，非商品與商品之競爭，乃有商品之商人競爭也。

第六節　決意之原因與責任

吾人常稱對於自己行爲負責任，是即謂我爲我之行爲之原因也。換言之，即行爲之出自我者，屬於我者，便是我之行爲之意也。反乎是者，此行爲不能歸諸我，而應歸諸我以外之事情，則外之事情對於此行爲負責，而不可謂之爲我之行爲。吾人認某人對某行爲有負責之能力，即認此行爲起因於其人格也。於是可知負責能力與意志自由之關係矣。有意志自由，始有負責能力。然此所謂意志自由，即自我人格爲意志活動之原因也。

雖然，所謂其人對其行爲負道德的責任云者，非惟歸諸其人之意，同時實有依此行爲而許其人之價值之意。蓋人格之價值，殆與道德的價值同義也。

行爲有可離乎人格而有道德的價值者，然此所謂道德的價值，含有特別之意義。若此行爲能喚起或發生善果，申言之，有益於道德的目的之實現者，可謂之有道德的價值。若行爲能發生害惡，而妨礙道德目的之實現者，可謂之道德的無價值。然行爲更有因其表示人格而評其價值者。則其之有價值，非因其發生善果，其之無價值，亦非因其發生害惡。此時道德的贊賞或非難之對象，常在人格。因此行爲表示可贊賞或可非難之人格，而謂之善或惡也。即行爲是人格之徵候也。

觀此吾人可知道德的負責之應爲如何矣。某行爲之責歸諸某人，即拔其行爲之道德的價值，而度其人格之道德的價值。即行爲之道德的評價移於其人格之上也。因其行爲善，故許其人格曰善。因其行爲惡，故斥其人格曰惡。歸某善行於某人，即謂其人之善的程度，視乎其行爲之善。歸某惡行於某人，即謂其人之惡的程度，視乎其行爲之惡也。

由此法以行爲之道德的價值，測量人格之道德的價值，則吾人能因行爲而推知人之人格，即承認行爲是人格本質之徵候也。總言之，即承認起因於人格之意志自由，而道德的責任始成立。

歸某行爲之責任於某人，因其爲惡行，故斥其人爲不德。若此行爲於其人格中無所根據，而爲彼人格以外之某事情所强迫的惹起者，與彼人格無關，則不可歸其責於彼。如斯見解，固無人不首肯者也。同時此所謂負責，即含有負責能力之意，即應受道德的贊賞或非難也。所謂不良之行爲，即指起因於其人格而言。倘與人格本質毫無關係之偶然事，則雖害及他人，亦不能遽斥其爲不良。惟歎息其行爲之有害耳。行爲之善惡的價値之所以成立，畢竟不能不承認人格爲其原因也。

意志自由之倫理的意義所以爲重要者，因非此則道德的責任無從成立也。然若從無原因之自由說，則勢必否定責任。某意思決定之性質，不起因於我，於我之人格中無根據，非出自我之本質。約言之，非因有如斯之我，始有如斯之决意，却離乎我之本性而獨立。則此意思决定之性質，不拘我人格之性質如何，而能任意活動。是此意思决定，全非我之决意，而爲任何之决意，則不外偶然作用於我之中之意外事也。吾不得謂「我欲，」而僅謂「欲，」與自然之吹風降雨何異乎？吾人對於如斯之决意，萬萬不能負責於某人人格之中毫無原因之決意，若歸其責於彼，誠大誤也。因梅子之酸，而歸咎於桃樹，可乎？

第七節　決意之原因與品性

信如無原因之意志自由說，則其當然之結論，必至否定品性之成立。設有極清高之人於此，被誘以卑汚之事。當其審愼選擇之際，吾知其冷靜熟慮之力絲毫不亂，處置裕如，吾又知此卑汚之事無所利於彼，於斯時也，吾可確料彼不犯此卑汚，實可斷言如此卑汚事在彼必不可能。若不然，則吾必看錯此人，彼之品性非全變不可。然若從無因之意志自由說，則必謂此清高之士，亦可於頭腦冷靜心地光明時，作卑汚事。因彼所謂意志自由，是某種決意亦可得有別種正反對之決意也。信如是，則極善良者可忽然行兇。假令決意是一瞬間突然而發者，即對於平時所最親愛者亦難保不忽置之於死。倘我之意志果如是自由者，則不可不常設一監護人以妨不測。然此監護人亦如是者，吾將誰托？

是故無原因之意志自由說，勢必破壞道德上之一切信用。對於人之決意及行動之信用，必以性格爲根據。中言之，某種性質之人格，必有與其性質相符之行動。善性質之根蒂愈堅，則善行之期待愈確。凡對人之信用，亦其一例耳。因果律爲吾人思惟之法則，存於人類精神之本質中者。倘謂人類之精神活動可不遵其本質中之法則，是自家矛盾之論也。同時一切教育，一切獎勵，懲罰，威嚇亦皆不外以造成人格之道德的性質而保持之爲目的。因信有善品性之必有善行也。若品性不足爲行動之原因，則教育賞罰皆失其效用矣。

難者或曰：因果律果無所不普遍，則於吾人之品性亦可適用。即人格之所以有如斯性質者，因其人格所由成之種種事情使之然也。即品性之成立亦有因也。我之行爲，發自我之品性，而我品性之成，又有原因，則吾安可對此負責乎？應之曰：吾人品性之某特徵，洵爲生得者，故非吾人所能如何。此外如境況，物質，及周圍之人類等，亦皆對吾品性有作用。此等情事，恐亦非吾人所能如何。然吾人所選擇之一切思想，一切已往之自己決意，對於一切引誘之從違等，皆有所作用於吾品性而成今日之吾也。此等皆吾可得而干與者也。吾人於每瞬間對此等事皆有多少所作爲也。

吾人此等思想，意思，動作，屈從，及抵抗等，固亦更起因於吾之品性及外部之作用。吾之精神的及道德的存在之一切段階，皆依已往經歷而一步一步發展者。而吾人之品性及其變化亦遵因果律之事實，於倫理實踐上大有意味。凡事皆有其原因。其換位命題爲凡事皆有其結果。吾人之一切思想，決意，屈從，及克服，皆參與吾品性之發展，適已述之矣。者謂品性之發展，既爲諸因子之總和所規定，則吾惟拱手而聽之耳。其實不然。吾自己之所爲，實屬於此諸因子之中，而影響於品性之最連綿不絕者也。吾人發見此品性發展之合法性，可令吾道德的勇氣加百倍。因吾知自己所思惟，所作爲，及現於吾中之一切興奮，皆作用於吾本性而永久不失者也。

吾人於是可得一極懇切之箴言。我勿信一次陷於罪惡之無害。我勿以可改良遷善自慰。我須知此刻內心如何活動，轉瞬即變爲第二人，而此第二人即可生第二種活動。吾須知轉瞬吾將爲龍或爲蛇。

吾人熟察對他人之活動，又可得同樣之箴言。對他人之行動，可使他人再變爲他人。即此行動鼓舞或損傷其本性。是行動決非消失者。此等作用極微妙，殆不能注意。然於道德的範圍內，雖極細微事亦甚重要。合多數細微便成大作用。因果律適用於品性之變化，故吾人非惟對自己負責任而已也。對於吾作用所及之他人亦負道德的責任。因吾知吾個人之精神先後固有影響，即人類彼此之精神亦互相影響不息者也。

若信無因之自由說，則因果律不適用於品性，吾人惟有拱手而傍觀其成敗而已。吾人對自己或對他人之行爲皆爲無因而自由者，則不妨倒行逆施矣。吾人對自己或對他人皆不能期待後果而有所勞作，則對己或對人之行爲皆不能負責矣。道德生活將安在？

第五章　目的與善惡之區别

第一節　人生目的即辨善惡之究竟的基礎

概觀現社會所稱爲正或善之行爲，與稱爲邪或惡之行爲，其結果適相反對。前者之結果皆爲人所愛好，所欲望，所贊賞，而後者之結果皆爲人所嫌忌，所非難。例如虚僞，誹謗，竊盜，詐欺，殺人等事，其結果皆與人生以凶邪之影響。而誠實，正直，忠義，慈善等事，皆與人生以有益之影響。蓋有發動必生結果，是爲宇宙之大法。而某結果可欲，某結果可惡，此則人性之要求也。今有殺人者，其所生之結果不一；被害者之喪命絶望，遺族之悲哀之情，復仇之念，及社會一般人之哀憐不安，而兇犯之本身一面畏刑，一面又受同胞之怨恨，其生活亦不復能如平時之和樂。此種結果，不問在何種社會，皆爲其罪惡之報。故此種行動，若不禁止，則共同生活必不可能。假使人人相欺相盜相殺相侮蔑則盜賊橫行邪惡放恣而人性之發展與社會之興隆安可得乎。是故內外兩面之結果，皆認爲道德上之要素實爲平穩之見也。

吾人研究各時代，各民族之道德，亦可見因內外境遇之不同，而行爲之形式亦各異。原人成家族部落而羣居，其職務在防禦他族之攻擊。故以復仇爲本務，而以不忠於本族爲罪惡。即稍進化之時代，若戰爭不息，仍以服從權威勇於戰陣爲最高之德。苟有利於團體維持其生活，增進其財產之發動，皆認爲道德。而阻碍此目的者，則不免於責罰。及近日國際交通頻繁，關係密切，乃覺各國民有誠意互助，共策安寧之本務。而但求本國利益，不顧他國利害之國際的行爲，又皆認爲不德矣。在未開之社會，產兒增加，往往認爲妨害安寧，竟以殺兒爲合法。老耄之人若爲種族之累，雖棄之殺之亦不惜。而在產業發達之開明社會，必不許有此類行爲也。於此可見鞏固團體，發展生活，實爲人類之根本的要求，惟其愛力所及之最高團體，及其識力所見到之最良生活，則按人智發達之程度而所見有大小深淺之殊耳。

吾人研究道德的主題之時，苟不注重其發動對於人生之影響，則往往不能說明其差別。例如法律不許殺人，不許自殺。而國家處罪人以死刑，及個人因自衛而殺人，皆未可卽認之爲惡。至於外敵來侵，執干戈衛社稷而殺敵，更不可謂之非正義。又法律不許欺詐，而醫師欲安慰病人則每作虛言，法官欲得罪人之眞情，亦每以甘言誘之。慈善之行，博愛之旨也。然費鉅欵以養無業遊民，日令之坐食，則財源雖不竭，亦不能謂之善舉。凡此皆根據其影響之及乎人生者而辨其正邪也。

由此觀之，善惡辨別之究竟的基礎，實在乎該行爲所生之結果。其結果爲人類本性所希望而足以發揮人生之眞面目者，則爲正，爲善，爲義務。反乎是者，則爲邪，爲惡，而應禁止者也。申言之，行動對於人生目的之影響，卽道德的價值所在也。道德的評價既以人生目的爲基礎，則謂道德實爲達目的之手段，亦未嘗不可也。

凡善惡之評價，必與一定之目的有關係。道德上之善惡固勿論矣。卽普通非道德的事物，若論其善惡，亦必以其一定之目的爲根據。適於目的者謂之善，否則謂之惡。筆之善者以其宜於書也。刀之善者，以其利於割也。又同一事物，往往自種種相異之目的觀之，而善惡不同「耕田欲雨行欲晴去者順風來者怨。」此因目的不同，故對於同一事物而評價異也。故論事物之善惡，若不明其目的，斯不能下眞確之判斷。僅觀其表面之活動，殊未易知其眞價也。由此觀之吾人批評自己之行爲，應最得當因欲確知行爲之目的，莫過於自己內省也。

雖然，所謂適於目的云者，即適於該事物所特有之目的之謂也。事物最適於其所特有之目的者，斯爲最善。而適於多種目的者，則却未必善也。剃刀以宜於剃者爲最善，因剃爲其特有之目的也。倘剃刀可以割鷄，亦可以屠牛，則失其所以爲剃刀矣。於人亦然。最適於人類特有之目的者，斯爲善人。若惟適於生殖，適於食粟，則幾無異乎禽獸矣。宇宙萬物，活用良心以提高擴張自己之生活者，惟人爲能。故道德之實行，爲人類之特權，即人類特有之目的。若舍此而求他適，則無異乎剃刀不求適於剃而求適於屠宰也。

自其所特有目的觀之，人類所以異乎他物者爲三。道德之實行，此其一也。吾人能自覺選擇其目的而實現之，此其二也。實物被用於其目的，則將日就消磨。惟人能反覆努力實現其所特有之目的，則品性之漸養成而益加發達，此其三也。吾人恒以可使自己滿足者爲目的而追求之，此爲不容疑之事實。能與自己以滿足者，即對於我有價値。於此意義可謂之善。故追求而實現之。然飲食睡眠，散步訪友，遊戲，皆可與吾人以滿足。道德之實行，亦滿足之一也。同是滿足，而如何滿足之内容有別。有一時滿足，而後竟覺其不可爲滿足者。有使自我之某一要素滿足，而自我之全體竟不滿足者。於是同是滿足之中，而道德上有善惡之區別。故道德上最善之目的，當爲全體的自我之永久的滿足。滿足之意識狀態，不外一種之快感，起於欲望得達之時者也。發起如何欲望，與起欲望之人之品性有關係。品性慈祥者，恆起慈善之欲望，有盜癖者，常起行竊之欲望。慈善家以能行慈善爲滿足，竊盜以得行竊爲滿足，皆不外得達與自己品性相應之欲望而感滿足也。由此觀之，具理想的品性者，斯有理想的欲望，可得理想的滿足。就自己各種欲望之中，棄其一時的，部分的，而擇其全體的，永久的，調和的，斯可得理想的滿足，與僅稱曰滿足大異其質也。吉田教授曰，「僅稱曰滿足之善，與理想的滿足之善大異其義。前者爲心理的善，後者爲倫理的善。自己滿足，心理的善也。而其中有倫理的善事，亦有倫理的惡事。竊盜行竊成功之時，心中甚覺滿足。是心理的善，而倫理的惡也。慈善家實行慈善之時，其所感之滿足，與竊盜之心理的善同，而同時又爲倫理的善也」杜威教授曰，「自我之發展與完成所必需之眞滿足，斯爲標準之幸福。是爲人所當求者也。人苟自知其眞滿足所要之條件，則不可不欲望之。」亞里士多德謂善人常欲望眞目的，而惡人則否。恰如健康者常希望有益於身體之食物，而病夫常欲得無益於身體之食物。於此可見理想的目的，即能與理想的品性之人以滿足者。而道德即達此理想的目的之手段也。

第二節　目的體認爲自律之條件

吾人下道德的判斷之見地有二。其一對於正鵠而辨其善惡，其二準乎法則而定其正邪也。人心有所趨向之正鵠，是爲理想。自覺理想之所在而務實現之者謂之善，反之者謂之惡。此正鵠之見地也。事之所以可爲或不可爲，胥不以內心自覺爲條件，惟以外界之法則或命令爲標準，而以從違辨正邪。此法則之見地也。斯二者之相差實甚。一以內的理想爲標準，一以外的法則爲標準。一則自己體認其善惡，一則以法則命令爲依歸也。自己體認所應實現之理想而實現之，是爲自律的 Autonomous 活動。以法則或命令爲標準而從之，是爲他律的 Heteronomous 活動。自律實爲道德的根本條件。而法則之所以有道德的價値者，以其足爲達目的之手段耳。惟因其爲法則或命令而從之，未可謂有道德的價値。必也，自覺欲實現其理想，斯不能不遵此法則，服此命令，而道德的價値始見。故自律者道德的生命也。雖然，所謂自律者，非禮法不顧，人言不恤，剛愎自是之謂也。知禮法忠告之有益於吾之理想，而守之，納之，斯其活動既爲自律的矣。顧未開社會，類皆未能體認人生之理想，而惟酋長命令、宗教誡律、風俗法規是從。迨文化漸啓，人對於命令誡律法規始有辨別選擇之態度。於是立法方面亦力求改良，以期近於道德的理想。自個人言之，兒童時但知率由父兄師長之訓。至能自覺善惡之眞義，亦在學養有成之後。故由他律而日趨於自律，實道德進化之過程也。時至今日，能自動爲善者，尙居少數，此道德研究之所以不容緩也。教育上養成自律道德之法，固不宜專事叱責威迫，亦非姑息放縱，而以引導指示爲貴。欲使由之，宜使知之。不求其盲從，亦不聽其妄動，其庶幾乎。

法則曷爲不足爲善惡之標準乎？蓋外界之法則種種不一。有法律，有教條，有習慣法，有道德律，皆來自外界而範圍吾心者。其種類雖不同，而其爲法則一也。倘其間初無何等之差異，矛盾，則任從其一可也。若甲法則所許者，適爲乙法則所禁，則將奚從？苟能自覺至善之理想，固不難辨其是非而決從違否則躊躇迷惑矣又專就道德律言之其數亦不勝枚舉。勿欺也，戒殺也愛人也，皆道德之所命也。視友人之疾，聞醫者判其不起。將直告之乎，是增其憂而促其死也。將隱而不告乎，是欺人也。守法則者將如何處此？所謂守男女授受不親之禮，嫂溺而不援以手，畏無後不孝之誡，而摟人處子，非墨守道德律之謂乎？倘必賴法則以律言行，則凡人類社會所可得而有之事，必一一詳定規律，以資遵守。標其原則，明其例外，定其分量，製定言行法則全書，以備隨時隨地攷據，則將不勝其煩矣。然人事每因時地而異其宜，法則雖如何周密，亦必有疏漏，此勢所不免也。且法則之弊，非惟不能完備而已也。即遇事皆能以法則爲基礎，道德界亦將有莫大之憂。或拘形式之末節，而昧大義，或假成例爲口實，以遂陰謀。此皆道德敗壞之象也。夫道德的行爲，首重動機。由法則之說，則爲善去惡者，其動機非好善惡惡，而爲畏法懷刑，故不足取也。然則守法者皆不德乎？曰，此又非也。僅識守法者，雖未可謂之誠心爲善，亦決非誠心爲惡，其行爲殆類於非道德的。知法則之所以當守而守之，斯爲善。知之而故違之，斯爲惡。要之辨善惡之基礎，實在法則以上也。

第三節　目的與無上命法之普遍性

道德之基礎，不在他律而在自律。故善惡之標準，不在外界法則，而在內心自決。吾人既知之矣。於是有認內心直接之命令爲至善之標準者，直覺說 Intuitionism 是也。主張良心天賦說者，多採此說。以人類平等爲根據，而謂人心中皆具一種特別之道德能力，不假何等經驗，而直接示吾人以可爲或不可爲。此種特別之道德能力，理性是也。慾望與感情，皆起自後天的經驗。惟理性則不然。其辨善惡之能力，不俟何等條件。無論何時何人，皆具此顯明不昧之理性。至於欲望感情，則積快苦之經驗而成，非若理性之絕對顯明而人人一律矣。指示善惡之理性，既離經驗而獨立，具先天的性質，吾人惟聽理性之所命足矣。故康德稱理性之命令爲無上命法。Categorical Imperatives 以慾望感情爲基礎之命令爲假言命令。Hypothetical Imperatives 不德之行，大抵感性所致。例如欲得快樂，則宜勤勉。斯以達感性之目的爲條件，非道德的命令也。倘遇不願快樂者，則其命令失却權威矣。道德的眞命令，非絕對的無條件不可。善惡之判，正確明瞭，不容有半點曖昧。不問男女老幼，文野，凡屬人類，莫不有之，故不能不歸諸天賦也。

夫善惡之間，不容中立。善則爲之，惡則去之。初非有所畏，亦非有所圖，一本乎良心之主張。其動機不在外而在內，不採他律而採自律，誠能刻畫道德意識活動之現象。然因其重視理性過甚，遂不能不認有完全無缺之天賦良心，而蔑視一切經驗。顧吾人之良心實不外積一切社會生活之經驗於意識之中，而逐漸發展進化者。苟謂普通精神之外，更有天賦之良心，則自心觀之，豈非心外有心乎？一家之中，由家長自由發號施令，此家法也，家規也。倘有强暴者入據其宮，迫脅其父兄，而指揮其子弟，此亦可謂之家法乎？所謂良心上之主張者，吾人之意識明確體認至善之理想，而實行心之所安，斯爲自律的活動。倘謂心外有心，而發無上之命令，普通之知覺感情皆不能不惟命是聽，則與他律相去幾何哉？直覺說之所以成此謬論者，實受能力心理學 Faculty Psychology 所影響也。古代心理學者，假定有知情意之能力，雖於心意作用靜止時，此能力亦成一個實體而永久存在。此實體活動而爲知情意之三段作用。而三者又成因果之關係。由是說也，則意志作用以外，尚有決定意志之原因。於道德上遂信有不可思議之理性，而演成心外有心之謬論。自近日心理學眼光觀之，知情意不過精神作用之現象。同此一心，因觀察點不同而異其名，不可得而分割也。吾人積善良習慣而成品性，故恆有不假思索而能辨善惡之時。其形式雖類乎直覺，而由來實得自積善。西諺有曰「善者更善之敵也。」湯之盤銘曰「苟日新，日日新，又日新。」倘謂有一成不易之理性則道德之進化，不幾乎息歟？

康德以爲人之言行，能從理性之命令者即爲善。初不必計其結果目的之如何。理性之所命，不必示其內容，但求合其形式。故稱之爲形式的主理論。Formal Rationalism 其說以爲理性之所命者，自己所可爲，同時亦爲一般人所可爲也。此爲理性命令之普遍性。苟背此普遍法則者，不德之行也。今將有所爲，而欲辨其善惡，但審其是否爲人人可行足矣。例如己欲不守信約，倘人皆如是，則信約將皆不成立。此事與普遍法則相抵觸，故破約惡行也。即自己意志活動之範疇，不可爲一般之範疇也。凡合乎理性之普遍範疇之行爲，謂之善，否則謂之惡。故理性之法則謂之無上命法，因其絕對無條件也。彼以快樂幸福爲目的之道德律，謂之假言命法，因其有幸福爲前提也。理性者人之本質也。凡人皆應聽之。不必更有目的，斯爲理性之威嚴，自律之活動，善惡於是乎判。自殺之所以爲惡行者，以其背乎無上命法也。倘人皆自殺，斯人類滅絕矣。不恤窮困者亦然。倘富人但圖自娛，則窮困者終不獲垂憐矣此皆康德所舉之例也然吾人細思之其例尙未能證明無上命法之可爲善惡標準也已所欲爲者，倘信人皆可爲，斯謂之善。自善人言之，推己及人，忠恕之道也。然惡人之爲惡也，亦何嘗不可信人皆可爲？蓋以爲人人不可皆破信約故堅守不渝，與以爲人人不妨破約故不之守，於論理之形式上初無矛盾也。然實際人人不可不守約者，因如是則社會與我將胥受其害，而吾人心中有社會公安人我交利之欲望感情在也。苟舍却客觀的人類共有之目的而不之計，則無上命法之普遍性將何所據乎？苟不揆諸客觀的目的，則以爲人皆可破約者，斯破之矣，以爲人皆可自殺者，斯自殺矣，以爲人皆可不恤貧困者，斯坐視之矣。其形式與康德所舉者初無異也。康德立言之初心，固不預計將得二種反對之結論。惟尊理性過甚，遂不自覺耳。彼此相欺，人類滅絕，不相扶持，皆可憂之結果也。故具理性之人類皆不信其爲人人可行。然則所謂理性者，實有感情之分子，目的之預期也。但採普遍之形式，而遺其所以普遍之內容，論調則高矣，而未足以爲實踐之根據也。蓋違約，自殺，刻薄之所以爲不德者，非因其背乎普遍之形式，實因其不合社會生活之目的，故不可爲訓也。

第四節　行爲之動機與結果

吾人自由活用其良心，以謀生活之理想化與社會化，而得全我之永久的滿足，斯爲道德的善行。是故自主觀言之，其動機在求良心之滿足，人格之顯現；而自客觀言之，則結果爲生活之發展與完成。畢竟一事之兩面觀耳。而學者緣是竟倡畸輕畸重之論，即動機說 Motivism 與結果說 Consequentism 是也。

康德謂聰明，決斷，才能之所以爲善性，富貴，尊榮之所以爲善事者，賴有善意志 Good will 以統率制馭之耳。非然者，則是等皆足以令人陷於罪戾者也。故僅可謂之相對善而非絕對善。惟意志則不然。善意志之所以爲善者，非以其能生良果也，其自身本善也。It is good in itself 善意志雖無良結果，亦不失其爲善，如璧玉之自發光輝。故道德的眞價，不在行爲之結果而在意志。是說也，雖多中肯，而未盡當也。夫天賦之厚，運命之賜，足以增君子之德，亦可濟小人之奸，顧用之如何耳。多才多智，富裕有位，不過修德行善之資，惟善意乃如光輝之寶玉，誠有如康德所云者。人人有貴於己者，不可與才智富貴同年而語也。又人當行善之際，正其義不謀其利，明其道不計其功。良心之所命，雖明知無補而亦不自已。苟心有未安，雖明知有益，亦不爲。苟有所利而爲之，有所忌而不爲，斯失道德之眞價。故康德之說，誠道中仁人君子之心坎。顧善意志之眞諦如何乎？杜威謂可釋爲兩義。設吾人以正直爲善意志之特徵，則正直能使人類關係光明正大，而去其障碍，此其一義也。僅認之爲性格之一特徵，而不計其對於人類關係之影響，此又一義也。今康德謂絕對善在意志之自身而不在效果，則不免流爲形式的矣。夫仁人志士明知時事不可爲，而一息尚存，猶奮鬥不息。推其用心，初非計及效果之如何，而惟行心之所安。即吾人論之者，亦不以其當時失敗少之，而知其影響於千萬載後之人心者甚大。又縱不計其影響於後世，而亦崇拜其奮鬥努力之精神。吾人所以崇拜其精神者，以爲即令事實上無補於當時，亦無益於後世，而如斯精神，如斯意志，實足以發揮人生之眞面目也。意志活動必有其目的，目的者即預計某結果之欲望也。倘謂意志與結果毫無關係，則意志活動毫無目的矣，豈有絕無目的之意志活動哉？藉曰其目的在滿足自已之意志，然何故以如斯之滿足爲滿足，苟不預期其可能的結果，則不易解也。故意志與結果實有不可離之關係，所不可必者，事實上目前能否得如意之結果耳。且所謂意志自由者，以人意識自覺已所爲耳。倘於行爲之

效果毫不自覺，則所謂意志活動者安在哉？故離效果而言動機不可能也。

謂道德之價值在事實之成果者，功利派之說也。其說謂動機不過指行爲時之最上意識狀態而言耳。如斯主觀的感情，不若客觀的外界成果爲重要。殺人者心雖仁慈，亦不免爲殺人。拯溺者心雖癲癇，亦不失爲善行。但論其結果之良否，初不計其如何居心也。功利派析動機 Motive 與志向 intention 爲二，而以道德的價值專歸諸志向。謂志向爲人所欲爲者，動機示人所以欲爲之心的組織。Frame of mind 志向爲其體的目的，即先見而欲求之結果。動機爲對於此等結果而感興趣之精神狀態耳。邊沁 Bentham 之言曰：「動機之善惡，惟視其結果如何耳。善者避苦求樂之傾向耳，惡者棄樂尋苦之傾向耳。自同一動機，自各種動機，或生善行，或生惡行，或與善惡皆無關係。童子爲取樂而讀書，斯動機善矣。爲取樂而戲陀螺，亦非惡也。縱狂牛於人叢中，則惡矣。然三者之動機皆好奇心也。」穆勒 Mill John Stuart 之言曰：「行動之道德，悉屬於志向所欲爲之事。動機於動作毫無效果，故於道德無關。」使動機與欲望判然爲二，則動機誠無影響於行爲。而動機者對於某種結果之欲望，即所以使吾人志向於某種行爲者也。謂生志向之動機，無關乎志向所成之行爲，得非自相矛盾乎？動機與志向實不可離者也。倘行動純然出自無意識的衝動，則是時無所謂志向，亦無所謂動機。如童子縱狂牛而傷人，既得此惡結果之經驗，倘不知顧忌而復之，則其行爲有志向矣。而其時之動機，又不止好奇心而已矣。是故有先見之動機，斯有志向。志向欲得某結果，而動機預選某結果者也。且動機與志向有不可離之關係，而志向與結果實無必然之關係也。志向勤儉者，其動機爲克家，而未必不終貧。志向衛生者，其動機爲保身，而未必不夭折。志向謗人者，或適足以揚人之名；志向害人者，或適以鍛鍊人之心志，而成其大業。然其動機不免爲忌克嫉妬也。故功利派論行爲而注重其對於生活之影響，誠足以矯動機論之枉而砭其迂。惟析動機與志向爲二，則誤矣。甚或至僅問其結果而不問其居心，則妹喜亡夏，妲己惑紂，功可等於伐暴救民；楊廣之開運河，功侔神禹，豈不謬哉？

由此觀之，可見無目的之動機，無動機之結果，皆不足以言惡善矣。難者曰：世往往有動機善而結果惡者，則如何？應之曰：是當分別論之。設有人焉，因拯溺不成，竟喪其軀。倘扼於天然之力，而不能竟其志，則事實雖失敗，而拯溺之爲事，實有救人之可能性，不可謂之結果惡。蓋成敗與善惡正有別也。倘從井救人，不知引之以繩而援之以手，則志雖可嘉，而其愚可哂。動機既有目的，斯不可不慎擇所以達目的之方。道德非僅爲情意之事，而亦爲智之事。有不忍人之心，而仁不及於社會者，不智之故也。庸醫殺人，雖非有意，在法律不能科以殺人之條，而在道德則不能恕其疎忽之咎。此修德所以貴即物窮理闕疑慎行也。

難者又曰：然則動機惡而結果善者將如之何？曰：此更易辨。凶悍之婦，虐待前妻之子，或緣是鍛其意志而促其成立。然吾人不能等黑心之符於晝荻之訓也。殺越人於貨，所殺者或適爲劇盜。然吾人必不能以除暴去殘目之也。蓋有目的之動機，斯有所志向。則其行爲可得之結果，即爲其動機所擇而志所向之目的。倘生意外之變化，則又當別論矣。且不慈刦掠之行，其結果實影響於世道人心社會秩序，非惟被虐被刦者而已也。

難者又曰：意外之結果，與行爲無關，則惡動機而得良結果者，誠不可謂之善行矣。顧動機善而結果惡者，得毋可以藉口於初未及料，而免道德之責乎？所謂畧跡而原心者非耶？解之曰：此程度問題也。倘意外之變，實出乎人智所不及料，而萬萬不能先事預防者，則畧跡而原心可也。倘爲盡人所能先知，而漫不加意，以致僨事，則罪幾無異乎行惡。即其事頗難逆料而本爲其人智力所能及或當時實有醒覺之機而失之怠慢者雖不能與有意爲惡同科，而怠慢失察，則百口莫辯。此所以有僅言愼行之訓也。蓋事變之來，雖有非人智所能盡料，而必也平時養其識力，臨事竭其思慮，方不悖乎道德之旨也。史家尚論古人，屢畧其迹而原其心，或薄其人而採其行。顧所謂畧迹而原心者，亦綜其一生言行，而信其宅心光明，遂不以一眚掩大德，不以一事而否定其全人格耳。初非畧其跡即嘉其行也。且史家之論，恒含有教育意味。君子之過，如日月之蝕，固不必爲之深諱。而就影響於人心觀之，與其令人類少一善人，不如爲人類留一模範，與其令社會多受一惡影響，不如少一惡影響。故因其行而推其心，苟多未易判斷之點，而綜其生平，又覺其人格之可信，則不妨目之爲過失。斯對其人不失之苛，而於社會少一不良榜樣，初非欲令人得而藉口以文其過也。至於薄其人而取其行者亦然。其人之不德，已成社會一惡榜樣矣。倘遇其時之用心尚有可疑，而其行尚有可平反之點，亦一概論之爲惡行，則社會豈不又多一罪惡以玷人類之精神界乎？故薄其人而仍不盡罪其行者，亦欲社會精神界少留一汚點耳。此勸善之至意，非眞賞其人而嘉其行也。且吾人論行爲而兼重其結果者，非惟重其直接之有形效果，而尤重其對於人類精神界之無形感化。鮑爾生謂凡行皆有蔓延性。於一己可成習慣，於他人可成傳染。如植品之種子，隨風所播，散落於地，乘機發芽。故行爲無論善惡，皆具有傳染勢力。由此觀之，道德上所謂行爲之結果，指其對於人類精神之影響而言，斯尤不能與意志相離矣。

第五節　最高目的之統一性——目的與手段

難者曰：信如子說，則目的誠爲辨善惡之基礎矣。然則苟有以社會幸福爲目的者，則雖以無道行之可乎？彼耶修的派 Jesuit 所謂目的辯正手段 The end justifies the means 者果當乎？應之曰：計目的不顧手段之說，其便宜從權之態度，頗類乎結果說；而其偏重主觀之態度，則又類乎動機說，故涵義極欠明瞭。今當分別論之。

按目的 end 有終局之義，在行爲之既成，謂之終局；而當行爲之將發，謂之目的，不外一事而前後異名耳。然則目的實爲行爲全歷程之預期的終點，斷不容有相矛盾之二性質。故謂正當目的則必需正當手段固可，而謂手段正則目的正亦無不可。蓋謂南行者必南其轅，與謂南其轅者將停驂於南，固無異也。顧彼所謂辯正 justify 云者，似先承目的正而手段不正，迨終局既達正當之目的，遂可原諒其初步手段之不正，是則可釋爲兩義：謂行爲之全歷程皆不正，而結局可達正當之目的，此一義也。謂其初一段不正，及中途變更其方向，而終歸於正，此又一義也。由前之說，是謂向南生長之枝，其末端竟北指，寧有是理？蓋行爲之全體是有機的關係，若全歷程皆不正，則最末一點勢必不正也。即令有之，亦不過意外之結果耳，安可謂之目的？由後之說，則自改途以至歸結爲一段，以前又爲一段，後一段雖正，而前一段仍不失爲不正也。

夫所謂不正手段云者，即其行爲之全歷程，無一點不與至善之標準背道而馳之意。而目的有兩義：其一爲一人一行之終局，其二爲全人生之無窮理想，即至善生活之所止。試就一人一行之終局言之。如康寧，富有，學問等目的，皆不可謂之不正。然若以縱欲，奢靡，荒嬉爲手段，則其目的必不達。因此等手段與此等目的悉背道而馳者也。而論者謂不擇手段，乃認定此手段必可達目的，故不嫌其非正軌而便宜採用之意。此論涵義極曖昧，而惑人最易。今設兩例以破之。設有人欲致富，而不辭行竊掠奪；又有人謀利其國家，而以陰謀或暴力蠶食鄰邦，此兩事之目的正而手段不正，則一也。而前者人莫不斥之曰盜，後者人多諒其愛國，甚至襃之曰英傑。豈竊鉤者誅，竊國者侯之諺，亦爲道德律所許乎？此現代人心之大惑也。其實利身家與利國家，皆爲道德所許，而掠人財與掠人國，皆爲道德所必不許。掠奪雖能達致富致强之目的，然皆不可謂之正，因其與人生理想背道而馳也。

投骨於地，狺然而爭，揮杖擊之，則嗥然而遁者，犬也。是時之犬，惟知求食避杖，而不知計其他也。人之一言一行，必皆有其目的。然此諸目的，決非支離滅裂，漫無系統，如禽獸也者。人苟非精神異常者，則必有其一生之最大期望。其生平之言行，大抵直接或間接，與此期望一致。是以其一生之最高目的，統一其生平言行之諸目的也。常人心中所抱之最高目的，大抵非反省的，理想的，而爲世俗名利的。故綜其生平，鮮有甘與求名致利背道而馳之言行。假定目的或手段之觀念爲縱列者，相隣接兩觀念之中，高者對於低者爲目的，低者對於高者爲手段。目的之對於手段，爲一步一步抽象的。手段之對於目的，爲一層一層具體的。較高者爲較低者之所到達，而較低者須與較高者一致，其價値亦爲較高者所規定。則一人生平諸言行之目的價値，必爲其一生之最高目的所規定。如斯自成一系統，是爲人格之統一。然此不過心理之人格統一耳。蓋常人所體認之最高目的，不免爲其主觀的評價，而非眞最高，故其統一力微。而生平行爲坐是多出入。竊鉤則不爲，而竊國則爲之。簞食豆羹則不受，而萬金之賂則受之。不踰牆而摟人處子，然狎妓置姬妾，則顯者所認爲當然者也。不紾兄之臂而奪其食，然歛取人工之勞力以自肥，則資本家所認爲合法者也。僞契約以行詐，則法律有禁條，而欺世盜名者居然博時譽也。現代人之生活，所以有如許矛盾者，因其人格之統一力甚微也。

倫理的人格統一，與心理的人格統一，大異。倫理的至善目的，在生活之無窮的理想化及社會化。人類之一切行爲，一切制度，一切法規，應悉爲達此目的之手段，決不許與此背道而馳。人若能明瞭體認此目的，則其生平行爲當努力求與之一致。倘有絲毫矛盾，則所得之便利雖如何多量，皆不能藉口從權。蓋從權云者，權其輕重也。顧至善之目的爲人生一切價値之所自出，更莫有重於是者。苟有與是矛盾者，則任何價値，悉根本消滅。從權僅適用於相對的價値，而非所論於絕對的價値也。然權相對的價値之時，仍以此絕對的價値作標準。不可不知也。是故倫理的人格統一，甚嚴肅而鞏固。心理的人格統一，是人之所以異乎禽獸，而常人之所以別乎異常人也。而倫理的人格統一，則賢者之所以異乎不肖也。善惡互見之常人生活，於心理上雖可認其人格爲統一的，而於倫理上則未也。若謂言行先後錯亂爲精神病之特徵，則當今之世，不爲倫理的精神病者幾人哉？

於是可判決目的辯正手段之說矣。若所謂目的，爲人生至善之理想，則一切行爲皆應直接或間接與此目的一致，始有價值。則與其謂目的辯正手段，毋寧謂手段須受此最高目的規定方爲正，而此目的決不辯護與其自身矛盾之手段也。倘其所謂目的，爲私人或一團體之主觀的利害，爲求刹那我部分我，肉體我之滿足，而用不正之手段，則道德之蟊賊也。因彼所認爲枉尺直尋者，其實尤甚於枉尋直尺也。富家，强國，康健，學問等相對的目的，惟以其有造於絕對的至善目的，始有價值。若此等之成功，係出自與至善目的相矛盾之不正手段，則其價值已根本消滅矣。

第六章　道德生活之裡面——良心

第一節　主觀的道德意識

道德生活，惟人爲能，故於人類本性中，必有所以使之可能之根據。人類學上雖有牛猿半人時代之說，然既不能謂之人，則必與今日人類根本不同。蓋人類之本質爲倫理的，苟無此，則必不能有道德生活之發展也。人性中一切能力及一切特質，固皆可有造於其道德生活，及道德性格之發展，然其間有重要之區別存焉：即有可專稱爲倫理的，與不可專稱爲倫理的是也。試想像人爲一個認識的主體，則其獲得知識研究學問之活動與其營道德生活時之活動，固有依同一之方法，用同一之能力者。而他一面更有不能認爲與是同一之特種機能。故所以使吾人適於行爲生活之性能中，可區爲一般的與特殊的兩部分。前者泛指吾人有所能力，而後者則以專營倫理的活動爲其特色。是爲道德意識之根本。

吾人有目的及行動之自覺，且有動機選擇之自由，於其制行之先，恒覺有當爲不當爲之問題橫亘胸際。故「當爲的生活」爲人生之特徵，迥異乎禽獸之純然支配於本能之必然的生活，是爲道德意識之根本。今依最通俗之意識作用三分法，析之爲（一）當爲之感情，（二）當爲之判斷。（三）當爲之決意。即吾人尋出當爲不當爲之問題時，所生之感情，判斷，及決意，所以別乎一般的感情，判斷，及決意也。

吾人所有之情緒，激情，衝動，及肉慾等本爲非道德的，而隨經驗之發展，若調節得宜，則影響於吾人之行爲而造成品性此爲不容疑之事實。亞里士多德所稱爲德性者，殆指此類性質之修養合乎中庸者而言。然此類情的資性，人類以外之動物亦多有之，吾人每利用之而施教練馴養之術。人類於此方面之優於禽獸者惟程度之差耳。顧獵犬之從獵也，其奮不顧身之象幾無異乎忠勇戰士之衝鋒陷陣。即勇士精神之養成，亦多出自憤怒爭鬥等本能之訓練擴充，其本質上亦有如獵犬之操練者。然勇士臨陣之時，其爲國家爲種族，爲知己，爲名譽而犧牲生命之當爲之感，實迥異乎走狗之逐兎。此無他，此惟一無二之倫理的當爲之感情爲人類所獨有也。有此當爲之感作根本，而其餘之情緒本能始可爲擴充德性之資。而在高尙之道德生活所稱爲本務之感者，亦此當爲之情之成長耳。倫理學所研究者，既爲行爲之價値，而所謂善者，當爲耳，不善者，不當爲耳。人若非生而有如斯當爲之感情，而又不能擴充之者，則道德生活何自來乎？任何時代，任何民族，必有其所公認當爲不當爲之俗。任何識業，任何階級之人，必有其所認爲當爲不當爲之事。其所認爲當爲不當爲者，按客觀的標準，雖有高下眞僞之別，而自主觀言之，其有當爲之感則一也。

故當爲之感情，實爲原始的本質的單一的，惟實際以何者爲當爲，何者爲不當爲則爲環境，教育及反省之成果耳。當爲及不當爲之感情，雖亦含有快不快之情調。然如斯單簡情調，僅爲學術上之分析，而於意識上不能實際存在。吾人之意識上，實際惟有當爲之快感，及不當爲之不快感，而快不快決不能離乎當爲不當爲而獨立，猶恐怖憤怒之不能與不快分離也。

吾人因有當爲不當爲之自覺，故對於自己或他人之行爲品性，恒下是或非之判斷。此種精神作用，惟人類有之。蓋人類有自我之意識，又知行動爲自我所產，故判斷行爲之是非，即自己判斷自己。如斯自己裁判之心的作用，於人類以外之他種動物，決不可見。同時吾人又承認他人有與自己同等之自我，亦爲其行爲之所自出，故亦加同樣之是非判斷於他人。小兒及野蠻人，其所謂是非，雖多未當，然必有是非之判斷。即奸回之輩，亦每揑造是非以辯護其行爲。孟子曰：「是非之心人皆有之」一誠眞理也。受馴養之動物，其活動往往極有效，然其本身必不能自覺其當爲；對於其伴侶之活動，更不能加是非之判斷。故當爲之判斷，爲人類道德意識之特徵，所以別乎禽獸也。吾人於道德生活以外，亦常活用其智力以行眞僞美醜之判斷。然此與當爲之判斷大異其質。當爲及不當爲之判斷，必有安泰，欣賞，愧悔，嫉惡等熱烈感情相伴而起，與理智生活之判斷迴異。其區別爲自明的，可以直感而不俟言傳，猶辛酸之異於甘鹹也。人類有此當爲之判斷爲基礎，再加以一般智力上之修養，結局可以形成道德之理想。完全之善惡辨別力，固必以一切認識能力爲根據，且其發達進步大有賴乎經驗教養，然實以此原始的當爲之判斷作其根源也。

以自己之行爲歸諸自我，是爲人類特有之自覺。當爲不當爲之自由，在意識上，爲必不可否定之事實。所未可定者，實際自由之程度耳。「我當如此，」或「不當如彼，」是爲人類遍有之言語，即人類特有之意識。蓋認定行爲之當不當，即自我之當不當也。是否我之行爲，是否出自我之本意之行爲，是爲認識之最直接最親切者。因對於如何之環境，當發如何之行爲，必經我之決意也。惟此主觀的當爲之決意，是否合乎客觀的當不當，則又屬乎經驗教育之事矣。

由此觀之，當爲之感情，當爲之判斷，及當爲之決意，皆爲人性所固有者。故道德之要求，即此主觀的當爲之感務必與至善之理想一致。蓋道德之要求，無異乎教育之要求。教育惟務發達個人所固有之天性，而不能注入人性所本無。道德亦惟要求人擴充其天性，而不要求人戕賊其性而爲仁義。總之道德生活之所以成立，實賴此主觀的道德意識，此即良心 Conscience 之萌芽也。

第二節　良心之由來

良心何自而來乎？古來學說不一，今畧述之。

認完全的良心爲與生俱來者，天賦說是也。或目之爲先天的理性，或目之爲道德的感情，或目之爲道德的知覺，要皆認辨善惡之良心爲最初之天賦，即神之所授，而無需後天之啓培者也。夫欲明人禽之界，而保良心之尊嚴，遂謂人生而有虛靈不昧之良心，未嘗非引人爲善之美意。顧良心既爲生而知善惡之理性，不待教育，猶目之不待教而能視，耳之不待教而能聽，斯不問古今中外人之辨善惡能力皆應一致。而實際却不然。個人之良心，恆因學養之深淺，或所處社會之文野而大異其趣。非惟道德上判斷不同也，即道德不之感情亦非盡人一致。好善惡惡之感情，恆因時代社會之不同而異其純銳。至認何者爲善而好之，認何者爲惡而惡之，則更隨時隨地因人而殊其類。自人類歷史上縱觀之，道德之思想感情，恆隨社會文明之進化而日趨複雜。自個人之發達上觀之，由孩提以迄老耄，其道德之意識感情，亦恆視其學養之深淺爲進退。然則良心之內容固因人而異，變動不息者也。倘謂得自天賦，無所增減，則將如何解此差別之事實乎？馬爾提諾 Martineau 氏釋道德判斷不一致之理由曰：「內部原理之完全狀態，但可見之於最成熟之精神。欲使其道德辨別力完滿，當盡人事之經驗。顧吾所熟知者僅人事之一部耳。而吾人之道德意識雖狹隘，倘其認識之範圍相同，則判斷當一致。」由是說也，則良心仍因人事經驗之多寡而範圍有廣狹之異，其非生而完全也明矣。而氏又謂良心爲神之所授，非人力所能爲，不容人之分析說明者。蓋欲極言良心之尊嚴，遂不覺其說之自相矛盾也。蓋自心理學上言之，道德的意識之發展，與其餘之精神作用，初無特殊之點。道德心實隨精神全體之發達而進步者，美術、科學、道德皆不外人類之精神作用，非眞有神所特授之良心也。且吾人之身體感官，雖與生俱來，尚有賴乎後天之培養，方能完全發達，故吾人視之貴而愛之甚。倘良心果爲天所授，初不俟乎人力之啓培，而本來完備，斯得之自然而保育之又不費力，又安見其可貴乎？此天賦說所以不免爲謬見也。

與天賦說反對者，經驗說是也。是說謂良心非生有而者，實積經驗而得者也。外界恒對於吾人行爲而加種種制裁。以此制裁爲原因，我心遂知某事之不可不爲，某事之不可爲，而生拘束之感，良心於是乎生矣。物理的制裁，政治的制裁，社會的制裁，宗教的制裁，恒予吾人行爲以快苦之報酬。吾人積是快苦之經驗，而成辨善惡之良心。此邊沁之說也。其說僅認外界制裁爲良心之起原，而人之精神內面初未計及。其後之功利論者，漸注意於人之精神內面，或言利用人之摹擬性而施以教育，或言利用人類之欲望而予以影響。故白恩 Bain 氏謂家庭教育於良心發達上有重大之關係。小兒最初之實行道德，但知服從父兄師長之命令而恐受叱責之苦耳。迨經驗漸富，乃覺父母師長爲已所最信賴之人，而不忍拂其意。即以得父母師長之歡心爲自己之快意，其動機漸出乎自利之上矣。及經驗更富，遂知父母師長所獎勵者善也，所禁止者惡也。於是善惡之觀念明，而行爲採自律的態度，此即良心之活動也。白恩氏說明良心發達之途徑也如此，而實未嘗認良心有先天的萌芽也。氏之言曰，「世之愛金錢者，一若但知愛錢之爲物，而忘却其用者，習慣爲之也。」故謂好善惡惡之良心，不外趨樂畏苦之習慣。習之既久，遂忘却最初之動機，是謂良心自無而之有，此經驗說之骨子也。夫良心於先天既無少許之萌芽，然則施之以教育，加之以制裁，而起反應也何故？陸克 Locke 氏謂人心本空虛無物，宛如白紙。受刺激而得印象，積印象而成經驗。然各種印象之間，有異同之關係，因果之聯絡，倘吾人毫無思想之能力，將孰從而辨之？此經驗說所未能解者也。於人之子則可以教育制裁，養成其良心，而於犬馬之子則不能也。信如經驗說謂盡得自經驗，則將何以解此？農夫之種植也，既播種子，沃以肥料，灌以水而曝諸日光，然後能有所收穫。今所謂教育制裁云者，亦日光肥料之類耳。倘謂僅有教育制裁遂可使良心自無而之有，得毋類於謂僅有日光肥料雖不播種亦可穫嘉穀乎？

斯賓塞爾 Herbert Spencer 據進化論之理，謂良心爲得自人種的經驗。其說謂以其他感情抑制某一感情，即道德意識之要素。在野蠻社會，對於他人之恐懼心，即爲制止直接欲望之要件。羣中有智勇出衆者，使其羣內畏之更甚，斯其制止力更大。酋長制度既成，不服從者即爲大惡。於是政治的制裁，大異乎互相畏懼之制裁。鬼神之說與信死者之靈能爲生人之祟。於是阻遏直接欲望之制裁力又多一種，遂成宗教之儀式。此三種制裁各殊其形式而有相助長之力皆所以使人犧牲目前直接之欲望而求將來一般之利益者也。然此三種之制裁，尙未即能成道德的制裁也僅爲之準備耳。道德的制裁，不在動作之外面結果而在其內面。又不在動作之派生的結果，而在其自然結果也。今有殺人者，處之以死刑，而使之受刑罰之苦，同胞之怒，未可謂之道德的制裁也。必也使之知行爲直接所生之結果，（如被殺者所受之苦痛，及其親族所蒙之損害）方可謂道德的意識。有政治的，宗教的，社會的三種制裁，人始能十分經驗暴行之結果，由是而起道德的嫌惡之念。然吾人當思惟某行爲時，不懼政治的，宗教的，及社會的責罰，又不計其行爲直接及於他人之結果，惟感是行爲之不當爲，是爲良心之作用。然則道德的感情果如何而起乎？曰抽象的感情之發生，與抽象的觀念無異。人類積經驗，而知關於未來一般之感情，恆較目前之感情爲安寧權威之觀念與此感情相合，而成抽象的感情之一要素。其他一要素即强迫是也。政治的，宗教的，社會的制裁，恆表示未來之結果。屢次經驗如斯結果，遂聯想及第四者。即每憶及此三種制裁所禁之行爲，遂引起對於此類行爲直接結果之恐懼心，而道德的感情起矣。於進化過程上之最與有力者，遺傳是也。人類之根本的道德心今日尙在進化之中途。人之道德心雖得自經驗之積累，然漸漸組織而遺傳之，遂不盡賴有意識的經驗。人類歷代經驗之組織積累，遂於吾人神經上生相當之變化，而成道德心。即好善惡之感情也。此能力得自遺傳，非以個人之經驗爲基礎者。約言之，斯賓塞爾認良心非起自個人之經驗，亦非得自天賦，實發生於社會生活內而遺傳進化者。故社會生活之狀態異者，其人之良心亦不同。如外患多之社會，恆尙侵畧復仇，而和平社會恆愛輯睦正直是也。其謂個人有良心之萌芽，及良心發達於社會生活，誠爲不破之論。惟個人良心之種子既得自祖先遺傳，而就人類全體言之，良心仍不外得自外界經驗，則最初之祖先仍無良心之種子，惟藉外界三種制裁以作良心之起源。顧精神上倘毫無萌芽，則制裁之感將何從而起？且制裁即不啻良心之表徵，今謂制裁在良心之前，寧非異乎？由此觀之，謂良心盡得自天賦，或謂之盡得自經驗，皆不足令吾人滿意矣。

當一動機生於吾人之心，即有特殊之感情相伴而起。或爲贊賞之情而使吾人愉悅，或爲非難之感情而使吾人苦惱。或促吾人之實行，或阻吾人之發動，而令吾人感其權威。又或吾心同時起種種動機，有立於贊賞的當爲的感情之中者，亦有立於非難的阻止的感執其一而舍其餘，吾人心中遂有正者存之，邪者去之，之判斷過程。通俗言之曰，操取舍從違之權者，吾人之良心也。正義之動機，雖未見諸實行，而事後亦有泰然滿足之感。邪惡之念，苟不能自制，則過後回顧，必不勝其悔懊慚愧。且良心前後對於動機起如斯之活動，非惟對己然也，即對於他人行爲，或對於某種行爲之想像，亦不覺而生贊賞或非難之感。此皆良心活動之現象也。夫吾人預審某動機，遂生愉快或苦惱之感情，而判其邪正，決其從違，斯判斷基於認識，而感情助成決意，合之而爲良心活動之現象。然此認識也，感情也，判斷也，初無異乎其他之認識感情判斷，非良心私有之特別能力也。惟因其爲對於行爲動機所起之精神作用，遂與對物體之認識，對美術之鑑賞有別。然則所差者對象之不同耳，非精神之有異也。於此可見良心作用亦不外複雜之精神作用耳。吾人感善感惡之作用，每因時代種族，及個人之知識程度而有別。父母教師恒令此等觀念生於吾人之心，而供吾人以材料。吾人所習之言語，如殺人，掠奪，淫盜，仁慈，正直，犧牲等，實含有善惡正邪之意味，令吾人聞之而生愛憎之感。而亦間有隨時變其價値，昨是今非，今是昨非者，亦正不知凡幾也。是故道德的感情與行爲之聯絡，大有賴乎教育。孩提之時，因或行動而得父母師長之慍色厲聲，而有不安之感。浸假而不安之念，遂與此種行動聯絡於意識之中。父母師長又日從而誨之曰，某事善而當賞，某事惡而當罰，於是喜賞懼罰之情生。其欲博所親愛者之歡心之本能的同情日臻强盛，而對於各種行爲遂有所趨避取舍。迨知識漸啓，乃知所賞者善所罰者惡，而得合理的理解矣。如斯畏他人之叱責，不忍傷所親愛者之心，樂博他人之嘉許，及所生之恐怖苦痛切望之感，即爲兒童道德的意識發展之資。習而久之，當爲不當爲之感，恒與行爲之觀念相伴而起於精神之内，而覺其權威，此即本務之感，良心之作用也。然此作用之形式正因人而異，同是不爲也，或因懷刑，或因畏神，或因畏人之多言，或因惡其不德，惟視其人精神發達之程度如何耳。又好善惡惡之精神活動，其内容又恒因時代社會而不同。達爾文謂野蠻人不以虐待敵俘爲不德，而反責其不能復仇。又古代之以人爲犧而祀神者，初未嘗非起自責務之感也。由此觀之，良心者教育的而非天賦的，社會的而非個人的也。因父母師長所供吾人之良心活動之材料，不外以當代社會之良心活動爲標準也。顧教育僅能啓培人類之良心，而不能收效於禽獸者何也？曰因吾人心中有可以發爲道德意識之萌芽也。憤恚恐怖之感情，經驗之聯想，記憶，因果之推理，對於他人意見之顧慮模倣等衝動，對於他人安寧之同情的顧慮，從優勢服命令之性，皆爲良心之所由成，而吾人特有之當爲之感尤爲較深之根底。故謂良心有天賦之萌芽可也，而謂完全得自神授則誤矣。吾人之性，有生而偏於懦怯者，有偏於刻薄者，有深於同情者，因是發達之良心活動亦不免有所偏。以此義釋之，即謂良心之基礎有得自遺傳者，亦無不可也。總之吾人之現實的良心，大抵得自社會生活之經驗及教育之啓培。故按其精神全體發達之狀況程度而人各異致，且時時皆爲未完的進步的。其不能不認爲天賦者，惟人生特有之當爲之感耳。

第三節　良心作用之正確與謬誤

吾人之良心作用，果有時或誤乎？此問當分兩層解答之。倘謂極正確極妥當之決意，方是良心，則良心上所主張者當無不正。因不正者便不是良心矣。然據吾人所經驗，世往往有一人良心所主張，當時舉國天下之人皆非之者。後之讀史者竟一致以其人之良心爲是，而以當時之輿論爲非，遂令兩時代之是非相反者有之。又或各是其所是，各非其所非，歷數千百年而莫衷一是者亦有之。特立獨行之士，天下非之，獨行不顧，付是非於百世後之公論，而卒獲最後之勝利者，固不乏人。然執拗自是終不獲見諒於後世者亦有之。人之良心既不一致，則其中必不免有是非，必不免有謬誤。於是可知吾人主觀的自信爲良心所主張者，亦有批評之餘地也。倘謂動機之善惡，當決諸其所傾向之結果，然則誤發之良心，不過誤認不能得良果之觀念爲良而傾向之耳。人往往因迷信，或無學識，或乏經驗之故，其所感爲無上權威之良心活動，自有識者或後之人觀之，固決不能予以贊成者也。處今日開明之世，吾人自幼所受之道德印象，雖較爲豐富，而尚不免有惑於從違取捨之時。吾人既知良心爲教育的而進步發展者，則毋惑乎良心主張之時有未當矣。

良心作用之最重要者，知道德上之理想何在，據此而辨别善惡之作用是也。吾人之學識愈高，斯善惡之辨愈明，而良心之作用愈進步。故吾人所抱之理想，往往覺今是而昨非。昨所以爲理想者，由今觀之，非眞理想矣。今之所謂理想者，將來觀之，恐又不免有誤矣。吾人良心之所示，將來恐未必有可確信之性質。吾人何不幸而有此不堪信任之良心，而使吾人永陷於傍徨疑惑之境乎？曰道德既有進步，斯未進步之道德，比諸既進步之道德，其爲不完全固無待言而吾人所以覺其不完全者因以既進步之今日爲標準律之耳吾人往日認之爲理想之時，初非以較進步之今日爲標準，當其時固認爲無上至善而後實行之也。吾人以今日爲標準律之，始覺其有未完，而昔日以當時爲標準，固認其爲完全無上也。且昨日認之爲理想者，吾之良心也。今覺其有未完者，亦吾之良心也。吾之良心隨日月而進步，可喜之象也，又何至失望乃爾。故自進步觀之，良心之主張，恒覺今是而昨非，此理之當然無足怪者。苟能隨時隨地體認無上之理想，則日新之又何傷？惟通常所謂良心之錯誤者，實因見識不周，修養未到，不能與環境相應，不能去盡主觀的偏見，隨時隨地體認其無上理想，遂生誤會，斯爲惑矣。故知識苟未充，審辨苟未周，斯不可遽以爲良心無誤而輕於自信，此崇德所以貴辨惑也。

社會之事情日複雜，斯吾人辨正邪愈不易。在執意界之所謂正，猶在認識界之所謂眞。科學之眞理，必具客觀的妥當性。即吾人於判斷之際，凡爲吾所應考慮之一切經驗事實，皆考慮詳盡，故所下之判斷，與一切經驗事實一致，是爲眞理。道德的正亦然。吾人決意時所應考察顧慮之一切經驗事實，是爲決意之諸動機。吾人對於此一切可能的諸動機，皆考慮詳盡，乃選定其一爲目的，而其餘一切之可能的諸動機皆不能否認吾此決意，則此決意爲正確，亦具客觀的妥當性者也。此所謂其餘一切可能的諸動機皆不能否認云者，即通俗所謂不復受良心之譴責也。是爲完全明徹之良心。即當決定之際，凡可入吾人考察範圍中之一切事實經驗，吾皆觀察之，聽其起作用，如斯之良心便是完全明徹，便可無後悔。然則吾人之良心，往往對於邪惡之決意亦不起異議，不加譴責者，因吾良心尚未明徹也。即吾人所應考察者尚多遺漏也。申言之，即於決意之際，吾人不使一切可能的動機悉現於心中，而公平聽其要求也。然所謂一切可能的動機悉現於心中云者何也？非吾人臨時要求自己平素所無者現於吾心中之謂也。乃此等動機存於吾心，爲吾之精神的所有而起作用之謂也。倘於決意之際，惟有一個事實可作吾之動機，而規定吾意志於正當之途者。然此事實適爲吾所不認識，則吾人此次之決意勢不得不受此唯一事實以外之動機所規定；及後知覺，將不免愧悔矣。於是可得正確的良心作用之兩個根本條件：一爲完全明徹，二爲經驗十全。

今試稱科學的正確思考爲論理的良心，而道德的正確思考爲倫理的良心，則兩作用之歷程初無大差異吾人欲達到正確之物理的判斷則關於此問題所應考察之一切經驗事實，皆完全表示其價值，然後構成判斷，即對於此判斷可有意義之一切事情皆不聽之遺漏。中言之，必使之十分展開其證明力也。道德的決意亦然，關於此決意所應考察顧慮之一切經驗事實，皆聽之十分作用於心中。此等事實於吾之決意上有用，即必使之十分活動其能力。一言以蔽之曰，必使之十分活動其動機力。假使當時有一動機不得十分活動其能力，迨事後或十分作用於吾心中，則吾或將不免於後悔。

吾人於物理的事實欲得一正確判斷，乃就所應考察之一切事實之中，先後一一注意思考之；往往覺得按此事實，則應得某判斷，而按彼事實則却應得正反對之判斷，於是吾人狐疑逡巡而莫知所適從。是以吾人欲得客觀的妥當之判斷，僅將一切有關係之事實，先後繼續思考之，推求其結果，猶未足也。不可不使此一切事實同時作用於吾心中，將此等一切事實於心中一括之，或結合之，或對照之，彼此考量此「諸理由」與「諸反理由」，彼此互相對照其要求而平均之。具客觀的妥當性之道德的正當決意亦然，惟聽一切可能的諸動機先後繼續十分展開其動機力，猶未足也。必也同時結合此諸動機而互商之，平均其要求。然則所謂虛心愼思之良心活動，即指此也。

所謂使一切有關係之可能的事實皆於心中十分展開其動機力者何也？茲可就其反對方面說明之。即應規定意思決定之諸事實何故不能十分發揮其動機力乎？曰吾人之主觀的偏見使之然也。

吾人欲得一客觀的妥當之決意之際，或因吾精神之痴鈍，經驗之狹隘，思想之疎忽，以至現於吾之知覺記憶或想像者皆不十分明瞭。而吾人由此等事實所得者不過極混沌不明之心象。於是吾人之決意，不爲此等動機力所規定，而爲吾自身之主觀的性向所規定。申言之，即主觀的精神之偏向妨害吾意志服從此等事實之動機力也。又或有某種事實爲吾自身所體驗，Erleben 而其他事實爲他人所認識所體驗而告我者。是時此兩事實對於吾有人格的遠近之區別，即令同樣確實，而吾自己所體驗者勢必與吾以較深的印象，則吾自己所體驗者現於心中，而他人所體驗者將退伏於腦後。於是吾之決意惟受自己所體驗者所規定者，又不免流爲主觀的矣。蓋既爲事實，則應不拘其是否爲自己所體驗，皆聽之十分發揮其動機力，方可得客觀的妥當之決意也。又或有某種事實，空間的與吾接近。使吾直接容易記憶之，而所得之印象甚强。或有時間的接近於我，適爲我現在或最近時所體驗。於是此等動機因空間的，或時間的接近於吾，遂容易現於吾之意識中，强制吾之心意而使之偏向之。至於其他動機之空間的或時間的遠乎我者，將潛伏於我之腦後矣。遠大或未來之理由，不若目前之利害誘惑易於動人心，此甚易明者也。又或因吾有特別注意於某特種事實之習慣，則此種事實較其他事實容易影響支配吾之決意。又或因某種事實適合於我之性向，氣質，習氣，感情等，則其規定吾之決意亦易。此外更有極新奇的，異常的，不可思議的，或極可恐怖的事實，皆能與吾人以甚深之印象，而挑撥吾人之好奇心實甚。吾人之決意亦坐是而陷於主觀的矣。

以上所述主觀的偏見之諸因，其妨害倫理的良心活動，與妨害論理的思考同。凡受主觀的偏向所規定之意志活動，皆無客觀的妥當性者也。此等主觀的偏向，其本質變化不定，實因人而異，或同一人而隨時變化者也。任何習慣皆可廢滅，而新習慣可取而代之。現在之空間的，時間的，接近於我者，及後可變爲空間的，時間的，遠於我。現在之人格的近於我者，及後我失却現在之趣味，則不復覺其親切矣。然客觀的事實常依然不變也。譬如有人昨日遇一可悲之事。此事既確具可悲之性質，則在何時皆如是，對何人亦皆如是，無論何人不能否認之亦不能變之爲他事，今日之我可異乎昨日之我，明日之我又可異乎今日之我。我之氣質，嗜好，性癖，可變爲此，亦可變爲彼，可以種種變化不定之主觀觀察此事實，而得種種不同之印象，然事實之本身，依然未嘗變也。

是故意志決定若不能脫却主觀的牽制，則不能爲正確，不能免後悔，即不具客觀的妥當性，是不可謂之純正的良心活動。惟絲毫不存成見，十分虛心，完全聽確實認識之客觀的事實所規定，則此決意可算是客觀的妥當，方得爲道德的正確。設如我曾不顧他人之憂樂，惟以自己之憂樂爲標準，而有所決意，及後時異境遷，曩日我之憂樂，對於現在我之人格，宛如異物。自今日之我，視昔日我之憂樂，與他人之憂樂無異。於是藉此客觀的光明，始十分體認其事實性，乃覺昔日之決意大有謬誤。反乎是者，最初決意之際，對於自己與他人之憂樂，若同時體認其事實性，毫無所軒輊，則此決意無論至於何時，亦不失爲正確也。

吾人決意時所應考察之諸事實，往往因有人格的遠近而生區別，前已述之矣。由是可聯想及世所謂親疎厚薄之問題。吾人對於自己所親者（如親戚友朋）之經驗，當較覺親切於所不相識者之經驗。卽親友之憂樂，當較他人之憂樂易動吾心也。吾人之行動。往往發自對於親友休戚相關之利害心，卽所謂友誼的行動也。友誼誠有道德的價值者，然以無傷於道德爲限。申言之吾非犧牲一切而爲朋友謀幸福，乃以使之得道德的認可之幸福爲目的，方算是善行。再申言之，吾知吾友之人格中，有物存焉，是爲積極者健全者，人類所共認者，有愛敬之價値者，彼若得自由運用之，是爲彼一生莫大之福，吾乃以助之得此幸福爲目的，則吾之行動善也。然同時吾當知世間一切人格中，亦皆有此積極者健全者，有敬愛之價値者存在，與存於吾友之人格中者毫無異也。此等人格因與吾關係甚淺，相距甚遠，故其中所存者對吾起直接之作用甚少，或竟無之。然吾不能因此而認此等人格中無此有價値者存也。此等人格實有自由愉快運用之同等權利。吾一旦明白此種權利，亦應起內心的反應，誠心認可之。至是時，倘仍置之不顧，惟知愛護所親，則吾之決意非客觀的妥當者矣。因吾之意志爲主觀的偏見所規定也。

然則所謂親親而仁民，疏不踰戚者非耶？曰，是又有說。吾之好意的行爲，先與吾所親乎，抑先與他人乎？倘二者不可得兼，則必先所親，此必然的事實也。然親親之情，非有較高之道德的價值。惟吾之好意苟成立，則必向最直接要求吾好意者而活動耳。消極的言之，吾人對於人格的與己接近者，刺激吾之好意最直接者，倘仍無好意表示，則吾之好意所存者亦僅矣。故曰「其所厚者薄，而其所薄者厚，未之有也。」

然此論與前所述客觀的妥當之決意，決不受主觀的偏見所牽制之理，未嘗矛盾。吾雖未能博愛羣衆，然吾之决意苟有道德的價值，則此決意之客觀的正確，無論對於何人，皆屬妥當。吾之決意果爲道德的，則吾欲吾友之最善，非因其爲吾友也。換言之，吾非不欲非吾友者之最善也。吾誠欲人人之最善，然奈吾之決意僅能對一人而活動何？吾行動時僅能對一人表示好意，實不得已也。而此一人爲吾所最親者，是非道德的本務當如是，乃心理的必然爲之也。吾今對此一人表示最善意，可因此而表明吾對其他具同樣人格的尊嚴之人人，亦可表示同樣之善意。倘吾之能力不若今日之有限者，則對一切人類，皆可表示同等之善意矣。於是可再鄭重申明曰：凡正確的良心活動，即道德的決意，必擺脫一切主觀的牽制。

古來學說有以感情釋良心者，所謂惻隱之心，羞惡之心，及愛人之同情是也。然感情之發，若不具客觀的妥當性，即不能謂之中節，便無道德的價値。愛父母，愛少艾，愛財產，愛權勢，愛國家，愛人道，胥是愛也。野蠻人耻不敢殺，文明人耻暴行，紈袴子弟耻宮室車馬衣服之不如人，君子耻獨爲君子，胥是耻也。然其道德的價値之軒輊奚啻天淵？近日爭權奪利之徒，不惜犧牲名譽人格正義，以求其所大欲，因其耻失敗而忘却耻不德也。以意氣相尙者，往往自覺理虧，而仍不甘認錯；必多設口實以文飾之，思以强辭奪理；甚或陰借勢力以掩護之，欲以成功亂人耳目；遂至以國家大計，正誼人道，供意氣之犧牲。此無他，以悔過認罪爲可耻，而不知不認錯之大可耻也。是故不具客觀的妥當性之感情，不過盲目的衝動而已。

玆所謂主觀的偏見，卽康德所謂性癖。主觀的偏見是變幻不確實者，故康德謂性癖所發之命令是假言的。而純粹以客觀的事實爲根據，平心靜氣，不參絲毫成見之决意，則康德所謂具普遍性之無上命法也，是眞良心之聲也。

第四節　良心之進化

以社會學的見地說良心者，謂風俗習慣存於各人意識之中，而監臨人類全體，抑制其反對道德法律之意志，遂覺有無形之權威。然仁人志士，其見識每超出乎羣衆之上，且貫徹其良心上之主張，往往舉世非之而不顧。是個人良心與社會良心衝突之證也，安見其必爲社會的乎？，曰此良心進化之象也。且人類全體亦一大社會耳。然各民族之間，其風俗習慣多不盡同，甚或有相反對者。可見自原人進化而爲各民族，其道德意識亦日趨於特殊，此亦良心進化之象也。太古之人，羣集而營共同生活。乃知個人之行爲，不僅爲一己之成敗，而社會實受其利害之影響。於是行爲之有造於公共福利者，羣衆必從而鼓勵之。其有背乎公共安寧者，則必從而禁止之。遂成種種之風習。其於人也，始則爲父母師保之權威，以風俗習慣種種客觀界之道德輸之於兒童者也。進而爲社會之權威，其範圍較大，以名譽誹議表彰判斷各人之行爲者也。進而爲法律之權威，以刑罰禁止罪戾者也。又進而爲神之權威，則舉道德法律而託於宗教之徽幟者也。人之行爲，苟有與此等制度，此等保障之道德標準不相容著，則其動機必爲其根本之意志所抑制。於是乎於各種行爲皆有感情以干涉之。未行以前，或鼓舞焉，或諫止焉。既行以後，或慊心焉，或悔恨焉。是爲良心之作用。然各民族因其精神之本質有所短長，或因其環境狀態，生活條件各有不同，斯其所謂利羣害羣之行爲亦不免有別，而釀成種種之風俗習慣。其良心之內容因之而不一致。惟其形式則不外以高等之意識自各人心裏制止其不合道德之動機，而鼓勵其合於道德者也。然姦淫殺掠，凡風俗莫不禁之，良心莫不惡之。誠寔仁愛，風俗莫不嘉之，良心莫不好之。可見萬殊之中實有一致存焉。蓋人莫不欲克遂其生。故各民族各就其所處之環境，所際之時代，而竭力以圖遂各成其應付環境之風習。此風習藉輿論刑政以厲行之，假禮樂敎育以薰陶之。其社會內各分子遂皆有同樣之良心內容。然自全人類觀之，固已覺其十色五光，各放其異彩矣。抽象的生存目的，固爲人類所同有，而具體的實現方法，則因民族而異。各積其具體方法之經驗，而成特殊之道德律，以示其民族之特質。自一本而日趨於萬殊，即由抽象而進化爲具體實現之象也。

雖然風習的道德律，固爲瑕瑜兼存者，不可不知也。其道德之標準，即爲社會之安寧幸福，此其優點也。風俗對於個人之行爲，或嘉之或禁之，皆以社會安寧爲準。個人制行之時，其良心之作用，惟知謹守風習，而非出自反省之動機。其良心之權威，非得自善惡之明確概念，而得自安常畏變之感情。風習合理之部分固多，而其不合理之部，恒反抗合理的審查。觀改革陋俗之難可知矣。蓋其時良心既成自風習之意識，而風習初非產自有意的熟慮審辨，而成於沿習經驗。故良心作用不敢檢查風習之是否合理。卽同是合起之部，亦不敢較量其大小緩急。個人之良心活動，既以風習爲依歸，故鮮有越禮反常者，而亦無超羣拔萃者。苟個人良心不再趨於特殊，則道德之進化仍未見也。所謂高尚之道德意識者，非僅爲被動的服從，而爲自動的體認本務。第曰社會安寧則不敢違，斯保守的道德意識耳。必也反省熟慮而知尊重社會安寧之所以於善，進而籌度所以實現之法，斯爲進步的道德意識。民族之文化較低者，一族之民，其思想判斷習慣行爲，凡精神生活之內容，殆無不同。及其更進化，而生活內容益饒趣而駁雜，各人成就之差別益大。其有各自研究事物之思想者，以其不滿於國民之宗教風習，而道德之研究於是起矣。反省研究之結果，個人良心之主張，有大異乎當時之風習者，乃貫徹其主張以謀改革。遂起個人與社會之衝突，卽秩序與進步，習慣與改造之衝突也。促成此衝突之原因，環境之變化，及精神之發達是也。經濟制度進步，社會之組織將隨之而變。往昔之習慣多不適用，且日暴露其缺憾之點。所以啓人之思慮者一也。交通漸利，各民族相異之習慣接觸。始則互相驚視，久之互審其長短得失。所以啓人之思慮者又一也。人本有求知辨惑之本能，至是乘機而發。遂悉取從來之風習而一一審查之。於是良心之作用，不僅爲服從，而注重體認。蓋人情固喜同而惡異，而又喜以己之意志加乎他人之上，以期人之我從。此所謂反社會的社交性 Unsocial Socialness of man 也。就其欲人我之意志結合言之，曰社交性，而就其不甘從人而喜人之我從言之，曰反社會的也。人各樹其理想，伸其意見，而實現其所體認之利益，是爲個人主義。其良心遂一變其義意。向也，範於風俗習慣，而各人失其自由。今也，趨乎特別之理想，而風習失其權威。此等特別之理想萌芽於國民之環境及其生活條件，與其風俗習慣雖非毫無關係。然因其與一般生活之內容及見解相睽，而抱此理想之人，遂與風習相衝突。其衝突也，不惟不爲良心所咎，而必如是始覺安於心。於是主觀的道德性，遂駕乎客觀的道德律之上矣。由主觀的精神體認人生之理想而務實現之。自覺有實現之自由與責任，不驅於情欲，不囿於偏見，而以事實爲依據，以理性爲指導，而趨正義幸福之鵠；至不憚與當時之客觀界的道德律衝突，而感化及于萬世後者，歷史上最大之戰爭也。其統帥，即聖哲是也，非常人所能爲也。才識過人者，可以爲大惡，亦可以爲大聖。大惡與大聖，其敢冒當世之不韙，而與風俗抗，則同。但一則爲徇其私欲，一則爲實現理想。太聖之改革，表面類於破壞，而目的實在新建設。其運動似爲個人主義之運動，而實非也。惟其運動不能不俟個人之力耳。其良心上自由責任之感，雖爲個人的，而其秉善利羣之目的，則爲社會的也。

由此觀之，由人類生存之目的，演而爲各民族之風俗習慣，以作吾人道德意識之內容，是爲良心進化之初步。人羣進化，環境變遷，知識日啓，遺風舊俗多不足以範圍人心，新道德遂應時而起。孔子曰：「作易者，其有憂患乎！」古今中外道德思想之研究，皆在舊風俗失勢，社會秩序不能維持之時也。是故道德經一度革新，斯社會之制度政治之狀態，國民之風氣，及其餘之美術，文學，宗教，禮俗等之社會現象，皆隨而進步，以作吾人之良心內容。吾人又資焉以謀積極的改造，以改良之個人，立於改良之社會，而良心與社會遂互相影響而進化無窮期矣，今試以圖解之如左。

（良心）

（社會）

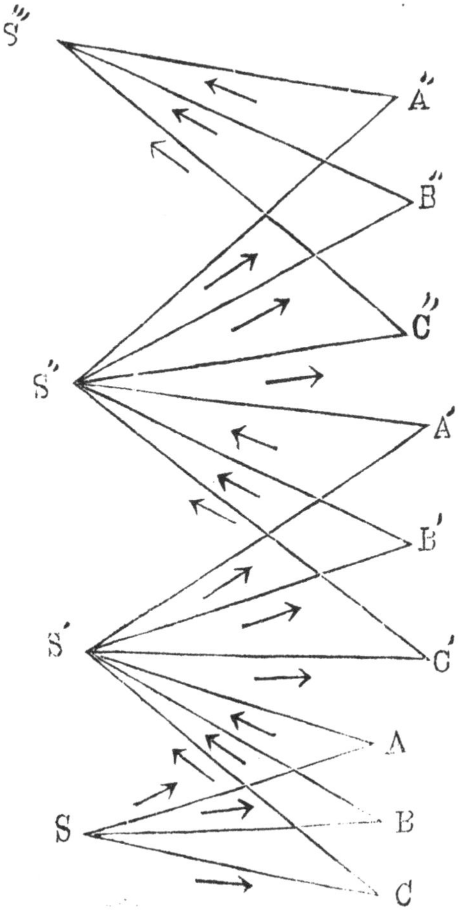

第七章　道德之表面——功用

第一節　快樂幸福

吾人有所決意之時，則決意之結局目的，即爲吾人所想像爲使吾得比較的快樂滿足，與吾以比較的幸福者。換言之，吾人有所決意之時，實現所決意之思想——目的之思想上之豫得——常與比較的快感相結合，此心理的事實也。所謂比較的云者，決意實現之思想，比較不實現之思想或比較其他可能的決意實現之思想，使吾人多感快樂。即吾人於多種可能的動機之中，決意選其一而捨其餘，於其選擇之瞬間，所選拔之動機實現之思想，比較其餘業經捨棄之諸動機實現之思想，必是使吾人更快樂者，與吾以更多幸福者也。以換位法說明之亦可也。實現某目的之思想，若較實現其他可能的諸目的之思想，使吾更愉快，則吾必與前者以決意之優先權。約言之，對於吾之感情有優先權者，於吾之決意亦有優先權也。如斯關係之存在，實爲心理的事實，毋足怪者。感情與決意，不外一心理的事實之兩面，而決非獨立並存之兩事也。

此種心理的事實，其中初不含有何種道德原理。蓋此事實之成立，盡人皆不能否定。然則主張此實事成立或不成立之論，直無義意之論也。而快樂派 Hedonism 竟以此事實爲基礎而倡快樂幸福之說，邊沁之言曰：「自然置吾人於快苦二王管轄之下，示吾人以所當爲及不當爲者，惟此而已。」其意蓋謂避苦趨快，是人性之自然，故人之決意，當擇其能與自己以最大快樂最多幸福者。由此推之，若努力謀幸福，果爲人生之目的，則人類應按幸福之程度以完其所以爲人，約言之，最幸福之人即最善之人也。

然此種主張果當乎？設有人於此，決非惡人，而實世所謂庸而多福者也。彼有安分守己之習慣，除直接屬於本分者外，無所思慮，無所作爲，故鄰人之與彼善者亦愛之，彼自身道德薄弱，而初不自覺其爲薄弱也。社會上物質之缺乏，道德之敗壞，彼亦熟視之若無睹，無所動於中。故彼對於本身之生活，及所處之世界，固甚滿足也。彼之運命亦亨，體質亦健，無災無害，而臻高齡。若爾人者，蓋快樂派所謂幸福之人也，然可稱其道德偉大乎？

又有人焉，胸中懷無數高尚之道德理想，其理想愈高，則實現益難，而彼努力實現之志彌堅。彼之高遠的覺悟，竟與彼以無量之辛酸。彼目睹世上貧困之無告，人欲之橫流，心中日戚戚然而不能自已。彼又自覺自己學識之未充，修養之未到，而日謀所以寡過，惟恐其未能也。然彼竟坎坷不遇，日沈淪於窮困之境，至爲流俗目爲狂士，嗤爲無能，而自有識者觀之，必深惜賢者之不遇也。若從幸福之說，斯二人者果孰賢乎？

幸福論者又畧變其說，謂幸福之道德的價值，不在實際有福，而在謀得最高幸福之努力。於是由結果的幸福說，變爲志向的幸福說。其意若謂道德對吾人之要求，是爲幸福而努力。汝之行動，當以盡力謀幸福爲依歸，而事實之成敗可勿計也。

然此說仍未見其當也。設有人焉，悟多才之多勞，深思之多患，乃盡棄其高尚之目的，抑制其深遠之同情，置當世理亂於不聞不問，不反省自己缺點以自欺。總之努力昧自己之天良，以避道德的決意所生精神上之苦痛，而求得庸俗的滿足。然則彼亦爲幸福而努力者也，然自有識者觀之，彼實道德的自殺者也。

幸福論者又謂一切快樂幸福，未必同價，其中有價值高者，亦有價值低者。凡求快樂之努力，非盡有道德的價值，須求有價值的快樂之努力，方爲可貴。穆勒之言曰：「某種快樂較其餘快樂更足羨，更有價值，此事實可與功利之原理兩立。人有動物的肉欲，更有高尚之理性。既自覺其有理性，則雖得肉慾之滿足，亦不以之爲幸也。又曰：滿足之豚，不若不滿足之人，滿足之愚夫，不若不滿足之賢者爲之善也。」是說即謂快樂不當計其量，而當審其質，誠爲卓見。然定快樂之優劣，不以量而以質，則快樂說已不攻自破矣。快樂說之主旨，實以快樂幸福爲最終價值之尺度。所謂有價值，即不外得幸福，所謂較有價值，即不外幸福較多之義也。今謂幸福自身之價值復有高下之殊，是行爲之價值不以所産幸福之多寡爲準，而應視幸福之是否有價值也。然則量幸福之價值，又應以何者爲尺度乎？總之量幸福價值之尺度，實爲量行爲價值之最後尺度，則幸福說已不復成立矣。

以上所論，是就個人的幸福說而評其弱點也。當今最流行之功利說，實爲社會幸福之主張。其說謂行爲之價值，視乎其所貢獻於社會之幸福或功用之多寡而定其高下。質言之，有造於大多數最大幸福者最善也。

今引用北京之最近事爲例，以驗社會幸福說之當否。民國十一年冬，中國銀行雇員李某運送多量鈔票，途中遇刼致死。在此事，李氏之死爲第一級不幸之結果，中國銀行所受之損失，爲第二級不幸之結果，而第三級不幸之結果，即北京法律上之公安受此刼案所影響也。然此皆以悲觀的眼鏡觀此事之結果也。試再換戴樂觀的眼鏡觀之。中國銀行辦事誠多疎忽，今受此一次打擊，將懲前毖後，或可減却許多未來可能的損害。李氏平時不過一謹厚愚樸之行員，初無特異於朋儕，今一死而顯其忠誠，使人人對於其人格表相當之敬意。此第一級及第二級之幸福的結果也。至於北京之警察，近日確有腐敗之徵，因此事件之發生，可促當局之反省，得此改良警察之機會，則京內治安可多得一層保障，又近日人心溺於重利貪生久矣。今李氏死其職，誠可以愧煞要錢惜死之士夫。此皆第三級之幸福的結果也。信如功利派之說，以社會幸福爲道德的價値之標準，則此刼案可依其不幸之結果而加以道德的排斥，同時又時依其幸福的結果而予以道德的贊許矣。由此推之，一切行爲之功用，皆可加以悲觀及樂觀之兩種解釋，則皆可以同時排斥之，贊許之，則社會幸福果足爲道德之標準乎？

於是功利論者又改其說，謂社會的幸福，非指行爲所偶有的功用，而指制行者之所志向。如是，則所謂功用云者，大變其本義矣。人因志向於某種行爲，故有道德價値，則行爲之價値不在乎其所產之功用，而在乎存於人格中成立此行爲之理由矣。於此可得一結論曰：功用之價値，當視其是否於人格中有根據而定之。即行爲表面之功用，初無絕對的善惡，應看其是否合乎人格裏面之本質也。

論者或謂功用之價値固不能離乎志向而成立，而志向之價値，亦不能離乎功用而成立。無論如何高尚之懷抱，苟不能實現其功用，亦未見其可貴也。此論大有討論之餘地。今引用黎普士 Lipps 教授之說以明之。設有漂至荒島，而永無生還之望者，其社會服務之思想不得不完全拋棄。然其人依然與逆境抵抗，一切行動，毫不肯自損其人格之尊嚴，則吾人斷不能不歎服其道德之偉大。又設有受死刑之判決者，方其登斷頭之台，忽於心中起極眞摯之後悔，覺醒極深切之人格意識，而此點眞性情，僅曇花一現，遂隨頭顱而長逝，永無實現之機。然吾人對於此最後無效之天良，實不能不深表同情，而視其靈魂之昇天國也。

論者又謂此種善意，雖無實際的功用，而有可能的功用，因其曾屢有造於社會幸福也。穆勒謂金錢之價值，在幸福的功用，然世往往有窖金而不用，亦寶之甚者。吾人之尊敬善意，與守銀虜之愛其藏鏹，同一心理。今何仿其說以駁之。紙幣之所以有價值者，以其能換現金也。設有某銀行已宣告破產，如今日北京之中法實業銀行者，其紙幣兌現之源旱涸，若吾人猶什襲珍藏之，告人曰，此吾之財產也，直自欺欺人耳。彼漂流者之自律，死囚之後悔，猶今日中法實業銀行之紙幣耳。而吾人不信中法銀行紙幣之有價值，而愛彼漂流者之自律，與死因之後悔，則與其謂可能的功用，是實利的可能，毋寧謂其價值在發揮人格之本質也。

且事之於社會有利—有社會幸福的功用—而無道德的價値者，正不知凡幾也。孟子曰：「七八月之間旱，則苗槁矣；天油然作雲，霈然下雨，則苗勃然興之矣。」曠旱時之甘雨，其造福於社會，或什百倍於善人之意志，誠可謂有價値，而決不可稱之爲道德的善。蓋離乎人之意志，斷不可語道德的價値也。於是更可得結論曰：行爲之表面的功用，苟離乎人格中之善意，則其道德的價値必不能成立。即快樂幸福之價値，當以人格的價値爲條件也。而人格中之善意，苟得實現，則直接或間接必有造於社會；即令不能實現，而其價値仍存在也。

第二節　進化的快樂

斯賓塞爾以爲個人之行爲，皆以進化不息之社會爲其原動力。社會愈進化，斯人人所感之快樂愈多，而苦痛愈少。倘進化達於極致，則人類之快樂最大，而絕無苦痛。故快樂爲人生之究竟目的，而進化實爲達是目的之最良手段。謀社會之進化，即所以達快樂之目的。其說認社會進化與快樂有不可離之關係，故名之曰進化論的快樂說。Evolutionistic Hedonism 從來之快樂說，惟以快樂爲目的。而斯賓塞爾雖認快樂爲究竟目的，而至近之直接目的則爲社會進化。吾人謀社會之進化，故實行博愛，力倡正義，斯可得究竟之目的而享最大之快樂。吾人心中初不必有得快樂之念，惟熱心謀社會之進化，斯爲得快樂之捷徑。苟不明乎此，而惟快樂是求，則快樂却不可得。從來之快樂說，惟訴諸吾人之經驗，研究行爲結果之孰快孰苦而辨其善惡，以立道德之法則。故斯賓塞爾稱之爲經驗的快樂說。而己所倡者，非經驗的而爲科學的。因發見社會進化與快樂增加有互相助長之原則，一切道德皆由是演繹而得者也。顧其理由安在乎？斯賓塞爾謂生物進化之公例，亦可適用於社會。夫生物循物競天擇適者生存之公例，屢經自然淘汰，劣者敗而優者存。今所存者皆其最適者也。社會亦然。無數社會生存競爭，其歷進化而日臻隆盛者，皆優秀之社會也。即優秀分子所組織之社會也。最進化之社會，即有最進化之分子。社會愈進化，斯其分子對於社會生活之優點愈多。今日所存之社會，其分子於社會生活必爲相當之適者，否則不免於滅亡。所謂適於社會生活者何也？其行爲適乎社會生活之謂也。詳言之，於適乎社會生活之行爲則樂之而生快感，於不適乎社會生活之行爲則惡之而覺不快者，是社會生活之適者也。反乎是者，不適者也。適者存而不適者敗，故今日吾人之存於社會上者，皆有幾許適者之資格，於肉體上，或於精神上，適乎社會生活之行爲則感其快，否則覺其苦；此自然之理也。吾人食粱肉而甘之者何也？以其有益于健康而適乎社會生活也。吾人有甘粱肉之祖先，吾人禀其遺傳而爲社會之適者。倘有惡粱肉而甘酖毒之人，則必不能生存矣。故人之活動非自己所能自由決定者，實隨人類社會進化之方面而定者也。仁義之悅我心，猶芻豢之悅我口。吾祖先樂乎爲仁義而實行之，遂能占勝於競爭場中而繁衍其子孫。吾人禀祖先之遺傳，於實行道德已有幾許快感。今後競爭之勝負，惟視吾人實行道德快感之程度如何耳。現在社會中雖有不樂乎爲善者，然此輩必不免於劣敗。社會愈進化，斯其分子對於適乎社會之行爲益感其快。進化之極致，乃快感與適乎社會生活之行爲完全一致之時也。今之社會尚在進化之中途，故有誤以有害健康有損道德之事爲快者，將不免於劣敗，是不可不慎也。迨不適者日歸淘汰，社會達進化之極致，則凡人所樂爲者皆適乎社會生活之行也。是爲自然的理想實現之生活。此斯賓塞爾之進化論的快樂說之原理也。

斯賓塞爾以快樂爲人生唯一之目的，而社會進化爲其手段。然吾人以生物學理衡之則適得其反。蓋動物感苦痛而起防禦或逃避之活動，感快樂而起趨就之活動。故苦痛所以起警戒，而快樂所以起引誘，實生存之一手段也。又吾人之有機的生活，由劣等而漸進至高等，因之而快苦之感亦漸隱而不顯。下等動物於對象必直接觸之，感其快苦而後決其行動。故觸覺與快苦之感情實有造於動物之生存也。迨進化漸高動物藉味嗅聽視等感官之助，遇對象雖不直接觸之，亦能於遠距離外而辨其安危。故距感覺之對象愈遠，斯快苦之感情愈減。由此觀之，快苦之感情實不外生存目的之手段耳。吾人又自他方面觀之，則記憶之機能亦未嘗無同樣之效用。夫動物之感覺實際上雖不可無快苦之經驗，然假定其有保存其經驗之能力，則自後雖無快苦之感情直接挑動之，亦可自知其所當爲矣。即與對象相遇，則回憶昔日之經驗，雖無目前快苦之感，亦能採適宜之活動也。至於人則更有抽象的推理作用，由具體的對象抽其特質而知其一般結果。如有疾病之經驗，乃能審其原因，加以推理，而得衞生治療之特殊方法。凡所謂見機預防之舉動，皆無直接之感情爲其動機也。由此觀之，生物在最劣等階級時，雖以直接快苦之感爲生存之手段，及其進化，斯直接感情之分子漸去，而代之以他。即知覺及觀念與快苦觀念之聯合，或與運動觀念相聯合也。故快苦之感情可稱爲引導意志之手段。於生物行自己保存種族保存之行爲之時，快苦常爲意志之助。然雖無快苦之助，亦未常無他手段代之也。即快樂者非意志企圖之目的，實其手段之一耳。鮑爾生曰：「生物學者不以快樂爲人生惟一之正鵠，而以之與苦痛相待，用爲意志之響導。意志藉快感響導之力，營一種機能以促生活之進步。是則快感云者，漸達至善之徵侯耳。而持快樂論者乃即以徵候爲正鵠。試叩以苦痛之職司何在，則未有不窮於對者。快樂與苦痛有不可離之關係。苦痛爲避害之響導，其理甚明。然則快樂又寧非進取之響導耶？」由此觀之，則以生物進化之理，不能證明快樂爲人生目的也明矣。

且所謂社會愈進化，斯快愈增而苦愈減者，亦非合乎事實之論也。既進化之人類，其所感之快樂，爲未開人所無者固多。而同時其所憂者亦多爲未開人所夢想不到者也。孩提之童，無功名戀愛之憂。青年無子孫之憂。窶人子無千金之憂。鄙夫無名譽氣節之憂。四凶無己飢己溺之憂。茹毛飲血之世，無逸居無敎之憂。專制之民，無自由人權之憂。强權時代，無人道公理之憂。蓋人羣愈進化，斯其生活之範圍愈擴大。利害關係之事務愈繁，而憂樂愈多。安見其快之必增而苦之必減耶？夫進化云者，前進的能力之增加也。既爲能力之增加，則感快感苦之力亦並進。精妙之音，楚楚之舞，燦爛之色，吾人今日所以娛目悅耳者，固非野蠻人所有。而瓦缶竹笛之音，文身塗面之色，野蠻人所視爲最樂者，人則甚覺其難堪矣。動物與原人，飢則求食，飽則棄餘，初無來日之慮。而吾人之百年大計，恒日不去懷也。野蠻社會，幾無病夫。因無醫術而病者輒死，所生存者皆健康之分子也。文明人病者可受治療，而人多受疾病之苦。且醫術日精，斯認識之病源愈夥，即健康之憂，已什百倍於野蠻人矣。設有某社會所處之地域，天產豐饒，氣候溫和，家給人足，無災無癘。惟其人除飽煖安居以外，一無所求。舉一切吾人所謂人生之理想，人格之眞相，人類之眞活動，彼輩皆不之知，故亦不之慮。自覺其生活固甚滿足也。迨一旦覺醒，知有較高尙之人間生活，自覺有實現較高生活之可能性，且有努力實現之之義務權利。最後且知凡人皆可十分完成其生活，及實現理想之足樂。則彼等對於曩日所心滿意足之生活，必深感其簡陋不堪。於是努力求新滿足而從事於所未曾有之奮鬥。自己之理想日闢新境，必增加許多曩所未有之煩惱。自快樂之分量觀之，其冒險必大，其犧牲必多。而自道德上觀之，其實現人格之價值，固高出曩日什倍矣。謂快樂之質的價值隨進化而提高則有之，謂分量之增加則未也。

卡來兒 Carlyle 曰：「以今生逸樂，來生果報，爲足誘人爲善者，侮人也。雖至賤之人，其所貴亦有甚於逸樂者。彼傭卒固被雇以當槍彈者也，而尙不徒以領餉及操鍊爲足，而別有所謂軍人名譽者。故知人類決非貪逸樂者，咸欲使行爲高尙而純潔，以養人格而無愧於神明。雖至賤之人，其心中亦有高尙之性伏焉。不明乎此，而欲以逸樂果報誘之，何誣人之甚耶？誘人之道，曰困難，曰克己，曰取義，曰殉道，是皆足以鼓道義之熱情，而熄其計較利害之觀念者也。」鮑爾生曰：「吾人當困窮患難之中，恒望無事之日爲無上之境遇。及其久處順境，無可展布，則轉憶其前日之困窮患難，以爲不可多得。苟吾人之境遇長此不變，則未有不以全無苦痛之境遇爲無聊者。蓋使吾人之生涯，舉凡苦痛之原因，如一切危難，一切抵抗，一切失策，悉得而遠避之，則所謂努力也，競爭也，冒險心也，戰爭之衝動也，喜勝而惡敗也，皆從此而消滅矣。然而吾人果得此無障碍之滿足，無抵抗之成功，則必深惡之如常勝之游戲焉。夫奕者苟知每局必勝，則無樂乎對局。獵者苟知每射必獲，則無樂乎從禽。彼初無覬覦利益之希望，而以奕獵爲消遣者，正以其勝負得失未可預卜耳。否則興致索然矣。獅之在曠野，飢渴迭至，寒暑交侵，則大苦之，以爲我苟安居岩窟，每日得肉，於願足矣。一旦被捕，畜之柵中，飲食有餘而牝牡之慾亦遂。其初未嘗不樂也，未幾即厭其局促無聊。人見其然也，再縱之於廣囿，俾得博噬自由，而彼仍厭其得食之易，而無聊如故。然則彼所欲者，不外前日所厭苦之漂泊爭鬥飢渴曠野而已。謨罕默德不云乎，死於兵革之武夫，享天堂三日樂，則更懷沙場之鏖戰，良有以也。」人莫不欲遂其生，此一切生物之所同也。然人類非惟欲生，更欲不虛生。動物皆以發揮其天賦之活動力爲滿足，此人與禽獸之所同也。然人非惟樂感覺的本能的活動，而尤樂理性之活動。故人非僅求部分的逸樂的滿足，而更切望理想的遠大的滿足。故各按其地位，盡力乘時，發揮其所特有活動之可能性，以求理性之眞滿足，是爲人類之本務，亦人格之眞相也。人格之價值爲一切價值所從出，一切活動，苟促進此價值之實現者，無論其在我在人，吾皆感其滿足，是爲眞功用。反乎是者，皆可置之不顧也。

第八章　道德生活之自我

第一節　我與非我

笛卡兒之言曰：「我思故我在」Cogito ergo Sum 蓋吾人之精神活動，或爲感覺，或爲認識，或爲思慮，或爲情緒，或爲欲望其現象雖千差萬別，其作用雖頃刻變化，然皆發自同一之中心。直接內省可知之，不假他物之媒介；亦惟直接內省能知之，更非他所能知；直接內省所能知者亦惟限於是，此外不能復有所知；此爲精神的自我，實吾人知覺之最直接而最確實者也。按心理學之自我意識，其最幼稚者見於單簡之感覺，其最鮮明者見於有目的有思慮之意志活動。意志活動之自我意識，即道德生活之自我也。

原來一切精神活動，雖不問其有無目的之自覺，亦大抵能不識不知而合乎生存目的之途。倘永無障碍迷途，則所謂不識不知順帝之則，即精神活動之自然狀態也。惟水必就下，二二與二必爲四，此物的現象之必然耳。精神現象則異乎是，苟任其自然，將不免遇障碍趨迷途而生不滿足之感。必自覺目的之所在而力行實現之，始生滿足之感也。

人生有欲生命，實不外要求實現之活動。吾人於多數欲念競起之際，則反省熟慮，選其一而實現之。反省熟慮即爲理性之作用，故理性即要求實現歷程中之要部也。吾人非有要求即實現之，乃以理性選擇而實現之。一要求被選擇，則其餘悉被拒絕。其被選擇者，斯爲生命之所托，即爲「我」之要求。其被拒絕者斯爲「非我」之要求。意志活動云者，於多數要求之中選其一爲「我」而努力實現之，且排擠其「非我」之活動也。被選之要求失敗，斯覺爲眞失敗，可以使吾悲；其成功，斯覺爲眞成功，可以使吾喜。然被拒絕之要求，雖如何成功失敗，亦於吾毫無休戚痛痒之相關。吾立志學劍，則世之擊劍者苟有一人非吾所能敵，或可慚愧致死；蓋此時學劍之要求，即吾之生命之所托也。然自彼學書者觀之，初不因學劍之成否而有所動於心；是其所不要求，斯無失敗，故不覺恥辱也。是故自我之感，悉發自吾人所自命，所自居，即生命所托之要求。倘吾人能放棄一切要求，則無所謂「我」，「我」更不能有憂樂成敗。故主淸寂滅者，欲殄滅一切要求以除煩惱；然絕對無欲，是拂乎人之性，非人之所能爲也。

吾旣不能無欲，斯不能不擇其一以爲自我所寄托。當各種欲念並起之時，吾人旣不能悉殄滅之，若又躊躇彷徨不決，則將不勝其苦。所苦者非他，苦自我生命之未得所托也。一旦決定，則暫不問其後果如何，亦覺其快，因決定而自我始見也。是爲自我之感。決定之後，則因要求之是否能實現，——即「我」之能否實現——而生滿足或不滿足之感。實現之後，又因其是否爲眞滿足——即實現之「我」是否有價值——而生自得或自慚之感。是爲自我價值之感。今有暮夜賂我以金者，受之乎，抑不受乎？是時「我」之所托，不外此兩途而已。一旦決定，則如釋重負。然若毅然拒之，則決定拒絕之時，固除却徬徨之煩惱，即事後亦泰然自得；因「我」之價值高也。若竟受之，則當時或可快意，而良心每於意識之潛在域中肆其揶揄；因「我」之價值低也。總之「我」與被選擇之要求必一致，要求之價值即爲「我」之價值。被毁時之怒，僅爲對毁我者之怒，故其怒易消；因其所誣之事初非「我」之要求也。而被人揭破陰私時之怒，則非惟對人，而且爲對己，故其怨毒甚深；因其所揭破者實爲「我」之要求，而反躬自問，是實無價值之「我」也。

要求之價值既爲「我」之價值，故當愼選有價值可得眞滿足之要求爲「我」之所托。選定之後，是即爲「我」，餘則爲「非我」。捨一時之快樂而謀一生健康者「我」也，犧牲身命而成仁取義者亦「我」也，行年五十而知四十九之非者「我」也。然則昨以今之非爲是者，亦昨之「我」也。由此點觀之，「我」亦一要求也。然此要求與平常之要求有異。平常之要求，有一定之具體目的，如食欲以食爲目的，名譽心以名譽爲目的，權利欲以權利爲目的，而「我」初無一定之具體目的也。或選a要求，或選b要求，或選c要求，所選擇之要求雖不同，而「我」則一也。當a要求之被選也，其目的即爲「我」之目的，然非「我」之永久目的也。迨捨之而選b要求，則選之之「我」，即前此選a要求之「我」也，而今則拒a之目的而採b之目的矣。今b之目的雖爲「我」之目的，而亦非「我」之永久目的也，異日拒b之目的，而採c之目的者，亦此「我」也。「我」初無特殊一定之具體目的，惟隨機應變，因事制宜，選一要求而實現之，以期符乎洽善而已，「我」恒以要求活動爲寄宅，固不能無一定之具體目的，惟「我」與是「目的」之關係，乃由「我」自定之，而非本來必然者也。「我」若捨是目的而別選他目的，則目的新矣，關係亦新矣，而「我」依然故我也。故個個之要求皆欲實現其各自所有之目的而不遑他顧。惟「我」則採極冷靜之態度而比較之，銓衡之，熟慮之，然後採其一爲「我」之目的而拒其餘，是爲統一的理性的自我活動，亦爲道德的欲望。

第二節　克己與自振

從來倫理學說，有因誤會理性與欲望爲不相容，而演極端反對之說，且可貽道德界以隱憂者，克己 Self denial 與自振 Self assertion 兩說是也。

以無我爲道德之眞諦，凡帶有我相者悉否定之，除却之，斯爲修養之上乘。此說於古來道德論，修養說，及宗教教義所恒見者也。凡宗教之誡律，懺悔，修練，皆以無我爲基礎。歐洲古代之犬儒學派 Gynicism 及斯陀亞派 Stoicism 皆以克己禁欲爲其特徵。康德亦謂理性的生物（人類）不可不與性向完全脫離。我國書稱人心道心，孔子言克己復禮爲仁，孟子謂養心莫善於寡欲，荀子言人之性惡，善者僞也，宋明諸儒皆重去人欲以存天理，其所立論雖非盡同，而視情欲爲德性之賊則一也。至於通俗見解，即不堅持無我爲道德之上乘，而克己之行，實無人不認爲有足稱者，亦可見此說入人之深矣。以余觀之，此說殆因誤會自我與劣等情欲爲永久一致而起者。其謬在視自我過小也。夫自我與各種要求活動之關係，擇之則合而爲一，捨之則離而爲二，自由活潑，變動不居，自我以各種要求爲傳舍，前已言之詳矣。「我」苟爲私欲所誘，則「我」與私欲爲一，而與道義爲敵，此時之「我」，人心之「我」也。然「我」苟爲道義所感，則「我」與道義爲一，而與私欲爲敵，是時之「我，」又道心之「我」也。顧人心之「我」與道心之「我，」固皆同一「我」也。與人心一致時，雖當克之而與道心一致時，應力助之也。且克「人心我」之「我，」仍不外去人心而就道心之「我」也。惑於人心者此「我」也，然克之者亦此「我」也。今僅認爲物欲所誘之「人心我」爲「我，」而未知爲道義所感之「道心我」亦爲「我」也，遂誤以「我」爲私欲惡念所從出，而欲根本否定之壓伏之；其用心雖可嘉，而方針則誤甚矣。大學言如惡惡臭，如好好色。然則惡惡臭好好色者「我」也，如惡惡臭而惡不義，如好好色而好義者，亦此「我」也。夫「我」一而已，而要求甚夥，有屬於道義者，有屬於私欲者，紛至踏來，莫不欲「我」容其要求而採其目的。「我」將閉戶而皆不納乎？則彼將環而攻「我」矣。且「我」既無所憑依，亦將失其所以爲「我，」誰其衞「我」乎？佛家所謂萬念皆空者，即指此無要求之狀態，即告子所謂不得於言勿求於心之狀態。其實既無要求，即無自我，此不過無善無惡，非道德的木石而已。既無「我，」則無被克者，亦無克之者矣。是故「我」必於衆念之中擇其一而與之結合，則「我」克惡念耳，非克「我」也，因「我」初不與惡念合也。由此觀之，欲勝邪去惡，必先集義積善，苟能積善，則「

我」日與善爲一，而惡念在必被擯斥之列矣。語曰：「去惡如農夫之務去草。」夫去草者農夫也，去惡者「我」也。苟無善念，則「我」無所附麗，是無農夫矣。雖遍地荆棘，將聽誰芟除之？是故修己以去惡則有之，若克己以去惡則無是理也。然則積善之至，則惡念將日就消滅而底於盡乎？曰，此又非也。夫所謂惡念者即與現在所能體認之最善理想相反之要求也。行年五十而知四十九之非，則五十時「我」所非而拒之者，或即四十九時「我」所認爲最善而引之與「我」相結合之理想也。然則今之所謂理想者，安知明日「我」不認之爲反理想而拒之乎？由此言之，則理想日進，斯反理想之要求亦隨之喞接而進，惟賴「理想我」拒之不使與「我」相合耳。與「理想我」相去太遠之要求，必不至再現於意識中。而僅差一間之要求，將不免逡巡欲前。故言反理想的要求減少則可，而非絕無也。且善與惡實相對而存者也。鮑爾生曰：「苟私欲一切消滅，則世界固無所謂惡，亦將無所謂善。慎重，忍耐，剛毅，諸美德，必有與之抵抗之私欲存焉。使人類無苦痛之恐怖，則無所謂剛毅。無快樂之刺激，則無所謂節制。故惡朕不存，則美德亦無自而起也。」此即余所謂有反理想的要求，方見實現理想之可貴也。苟不知積善，但務去惡，將見心中之賊，世上之惡，如野火燒不盡春風吹又生之草萊，吾人心勞力瘁，或陷於悲觀厭世矣。惟毋恃惡之不來，而恃有理想以禦之，斯爲修德之無上妙法。

夫生而有欲，人之性也。善導之則出於道義之正軌，過抑之將激成壅潰橫流之勢，又理所必然也。故不近人情之極端禁欲說，苟强行之，其流弊滋多。杜威曰：「對於幸福，或才能之要求，倘一方面被阻止，則必將發現於他面。倘被阻方面爲公平穩健者，則發現方面必爲倒行逆施者。微特如此而已也，時時刻刻不忘清修苦行之人，每不能免有彌補之觀念。即信自己目前所犧牲，將得倍徙之報酬，遂以禁欲爲積福之手段也。」誠哉，是言也。觀彼僧侶之持戒，道士之辟穀，孰無天堂長生之希冀乎？迷信愚民之捨身持齋，孰非因求壽考福利乎？又我國學說諱功利過甚，而一般矯飾之士夫，竟以作僞貪鄙冠絕等倫。世風日下，凡爭權漁利之行，幾莫不假仁義之名行之。其害非惟斷送彼輩人格，實足令社會誤認道德爲裝飾品，於人生初無實用。遂至人欲橫流，廉恥掃地，而恬不知怪。推厥遠因，未始非歷來之諱利說所激成之陰性的貪風也。蓋極端克己，流爲快樂，再演成爭奪，其中實有蛛絲馬跡之可尋也。極端克己說，既悖乎人情而不可實行，故自實際生活上觀之，可適用克己理論之範圍甚小。至於經營一切事功，非毅然取攻勢力謀成就不可。而流俗所信爲道德者又惟有克己而已也。考諸道德說既如此，而徵諸實際生活又竟如彼，於是世俗漸漸有道德與事功歧爲兩途之觀念。腐儒實無辭以難之也，惟惴惴焉欲保持此無威信之道德的裝飾品。有欲取而碎之者，竟大倡快意之反對論矣。

近世倫理學上自然主義 Naturalism 之說，與援達爾文進化論之原理，以証明自振 Self-assertien 之說，謂物競天擇，適者生存，爲進化之原則。故進化的方法，即自强爭勝。强者勝而勝者得，弱者敗而敗者悲。此天所以使吾人推翻他人而占優勝也。如斯相傾軋相爭奪相殘殺之活劇，即進化上高尚優美之所從出。優秀即爲超羣絕倫之標幟，其目的在凌駕他人。若謙遜守法矜憐同情之說，不過欲牽制健者活動而自護其弱之懦夫所建之自衛策耳。故能實踐進化原理之有德者，必不受懦夫之紿。能貫徹其兼弱攻昧之計畫而戰勝者，謂之超人。Uebermensch-Supermen 庸人對於超人，供之以材料器具，不過作其畫策之食料耳。此德人尼采 Nietzsche 所倡之强權論，即大戰前德意志侵略主義之精神也。處近日經濟競爭之社會，人人皆恃其身心之能力以謀成功，與此說多有暗合之點。

且陳腐乾燥之克己說，令人生厭已久，驟聞自強競爭之論，不禁歡迎，初不遑細察其立論是否完全也。夫進化之第一步，變化是也。環境既變，斯謀生競爭之方法亦隨之俱變，方合變化之義。動物與蠻人，知識陋劣而食物有限，斯惟有爭奪殘殺以圖自存。迨人智日開，漸知增加生產爲謀生之妙法。故由漁獵而變爲牧畜，由牧畜而耕種，而工商其生產方法愈改良，斯互相爭鬥殘殺之必要日減，安見進化爲格鬬之產物乎？共同生活之經驗日富，愈覺家族民族之提携互助爲不可缺，又安見爭奪之爲進化良法乎？苟從其說，則團體同胞之愛情，共同利害之觀念，皆足爲個人品性之賊矣。因對於廢弱病人之同情而發明之科學技術，皆爲社會退化之象矣。是何異乎欲驅人類使返乎弱肉強食之域哉？要之等勇邁於亂暴，認懦怯爲溫良，此克己說之弊也。而貴權力重事功，竟至主張弱肉強食，則矯枉而過正矣。一則誤信人無有欲望之理性，一則誤信人無有理性之欲望，遂演相反對之謬論。且自己犧牲與自強奮鬥，皆爲實現理想之手段。今誤認之爲目的，是曰因克己而克己，因自強而自強也，不亦傎乎？吾人所務去者反理想之情欲耳，所欲得者能助理想實現之權力耳。克己與自強，初無絕對之善惡可言也。

第三節　自愛與仁愛

凡行爲之有善惡可言者，皆予「我」——與要求一致之「我」——以滿足者也。故自我滿足，未必皆善，亦未必皆惡。蓋所要求者可爲自己之滿足，亦可以他人之滿足爲滿足，而所謂滿足又有人格的眞滿足，與反人格的僞滿足之分也。不明乎此，誤認自我滿足卽爲自利之私欲，而與利他之仁愛不相容，遂演成相反對之利己說 Egoism 與利他說 Altruism 自愛與仁愛，孰是孰非，利己與利他，孰近人情，遂爲歷來東西道德界所聚訟。然以余觀之，苟明「我」與要求之眞諦，則自愛與仁愛皆可稱爲美德，而利己與利他亦皆可爲不德也。

按心理學所研究，人類天賦之本能的傾向之中，忿怒，嫉妒，競爭，隱匿，獲得，恐怖，羞耻，皆關乎自我保存之本能也。同情，愛情，憐憫，兩性的愛，皆所以應來自他人之刺激或予他人以福利之結果者也。然此主我的與主他的區分，仍非絕對者。如忿怒之本能，若因無端受横逆而發怒之時，則謂之主他的可也。男女之愛，往往因情之所至，而奮不顧身，然亦未嘗不可爲嫉妬利己之源。要之人類天賦之本能之中，實有利己與利他之成分相混合，此二者混合之比例，又因人之個性而異也。然則本能初發之際，皆無利己或利他之意，惟藉記憶及反省作用而知其結果之影響及於自己或他人，而此認識作用又爲動機之成分也。然善惡果可因以利己或利他爲動機而判者乎？試分別討論之。

謂吾人之所以承認公共利益者，因其與自己利益一致之故，此利己主義之普通論據也。吾人恒預先熟慮反省將來影響乎自己者而決行爲之動機，此心理的事實，而未足爲善惡之判也。杜威曰：「道德上事恒依據乎如何之自我活動及如何活動。」蓋要求爲自我所之寄託，要求之價值，即爲自我之價值。我所要求可爲自己之幸福，亦可爲他人之幸福，倘得實現，我皆可滿足。由形式上言之，皆自利也。然所要求者若非發揮人格眞價值之滿足，而爲戕賊人格之利得，則不問爲己或爲人皆未見其可也。見孺子匍匐將入於井，不覺惻隱動乎中而援之以手。孟子曰：「非所以納交於孺子之父母也，非所以邀譽於鄉黨朋友也，非惡其聲而然也。」蓋是時之自我與救危的要求一致矣。倘其人果有所爲而爲之，則非惟不足取，直可鄙矣。蓋以自爲謀爲孤立的目的，而以救危爲手段，則我與救危之要求不一致，是要求之價值，便非我之價值矣。且「我」與要求倘判然爲二，實有不可能實現之勢。如運動遊戲，以利害論之，所以資身體之健康也。當運動遊戲之際，倘毫無娛樂之趣味，而一心專計健康之利益，吾知其未舉手投足而生厭矣。惟我與要求一致，是時之「要求」即是時之「我」，方能生力行之趣。彼吝嗇之夫，守錢之虜，雖禍在眉睫，而猶不肯拔一毛者，亦因彼之「我」與吝嗇守錢合而爲一也。道德的修養亦猶是也。修德之士，恒自省其進德之程度而常若不足，猶衛生家之常自檢其健康也。然當行善之際，倘惟以增進自己道德的程度或名譽爲目的，而以力行爲手段，則其行幾等於行詐，而進德之目的終不能達矣。蓋以他人及各種之人事關係爲自利之資，而「我」與善行終判然爲二，此極惡之私欲也。由此觀之，以自利爲目的而行善，不可能也。

所謂以利他爲行爲之動機者，保存他人福祉之同情作用也。同情不過主他的衝動而已，苟不以理性指導之，即成無差別的兼愛。發表自己之殷勤的感情，或適足以令受之者失却其忍耐勇敢自助自尊之心，不可不知也。蓋使他人惟我是賴之行爲，與愛人之目的恒相矛盾。父母愛子，過於姑息，恒賊其子之德性。樂善好施之慈善家，往往增加社會之無業遊民。故予他人以利益，代他人任勞，未必即爲善事也。杜威謂以慈善爲絕對善之觀念，乃貴族的封建時代之遺風。因假定有蒙恩之臣僕也。在上者以臣下爲修德行仁之材料，而受仁愛之臣下即以感恩戴德爲本務。由此觀之，過於仁愛，將忘却他人之人格，未可謂之善也。夫利己所以爲不德者，以其妨害他人人格耳。然則無限制之兼愛，日爲他人謀利益而攘奪其自爲謀之機會，且弱其自助之能力，與利己之弊相去幾何哉？且愛人過甚，每令被愛者習成自利品性。寵子恒成驕兒，媚內者養成悍妻，即此理也。非惟受恩者然也，即愛人者尊重仁愛過當，亦將養成自利品性於不知不覺之間。蓋尙仁者遇事務期表示寬厚，將成煦煦之仁，以不嫉奸佞爲仁厚，即此類也。社會上慈善之風過甚，每足令奸詐者得假慈善之名以掩人耳目。如爲富不仁之資本家，往往出其餘貲以捐助學校醫院，以博慈善之美名是也。是故愛人以德，方爲君子。愛人以姑息，斯爲小人。同是愛人也，而有君子小人之別，則利他之動機非絕對善可知矣。

以上所述，皆僞自愛與僞仁愛之弊也。其弊不在自愛與仁愛之自身，而在不明「人」「我」與「要求」之眞諦。認「要求」與「我」判然爲二，而以要求爲自利之手段，遂成僞自愛。視「人」「我」若涇渭，遂以愛人者害人，而成僞仁愛。其弊一也。夫損人而利己，盲目的利己本能也。愛人而害人，亦盲目的同情本能也。苟熟慮反省而自覺其目的，則自愛一要求也，愛人亦一要求也。人與己皆同爲人類，隨時隨地皆爲苦樂難易成敗之中心。人格中皆有潛在的無上價值。我之自愛，即欲發揮吾人格之潛在的價值也。我之愛人，亦爲他人設身處地而謀之也。然則如何之自愛及如何之愛人，方爲眞正之自我滿足乎？曰是不可不先明「我」之內容。有善惡可言之行爲，皆爲自我滿足之活動，而「我」之內容實因人因時因地而異。自我滿足之形式雖一，而其內容實千差萬別。以肉欲爲滿足者，則肉欲之要求，即「我」之內容也。以室家之安寧爲滿足者，則室家要求，即「我」之內容也。以國家之興隆，人類之發達爲滿足者，則愛國人道之要求，即「我」之內容也。約言之，自己誠心要求所及之範圍，即「我」之範圍也。然則種種之自我滿足之中，孰爲自利的，孰爲非自利的乎？凡人皆因其德性發展之程度，而有其愛力所及—誠心要求所及—之最廣範圍。故意縮小其範圍，而求狹隘的滿足者，自利的活動也。努力擴張其範圍以求大滿足者，非自利的行爲也。故自利與非自利之區別，當視具如何品性之人作如何之舉動而定之。不察制行者之品性，但抽取其行爲而論之，未易定其爲自利或非自利也。雖然，所謂善人者不甘自限於既成之德性程度之謂也。保守現狀，即爲道德的罪惡之初步。擴張愛力所及之範圍，不容已也。杜威謂習慣的自我與眞自我倘同一，即惡之所由生也。故當超出習慣之範圍，而廻翔於廣闊之天地。吉田靜致謂道德生活，如乘自轉車，不許停止。蓋修德如逆水行舟，不進則退也。是故非自利的行爲，與非自利的品性又當有別。其愛力所及之範圍甚廣者所具之品性，曰非自利的品性。反乎是，其範圍狹隘者，曰自利的品性。同一行也，在賢者或爲自利，而在庸人爲非自利，與其品性對照而言之也。責備賢者，即此意也。是故自利與非自利，皆自我滿足之事也。由自我滿足之形式言之，則凡行爲皆謂之自愛可也。而道德上所謂善之非自利的行爲，及所謂惡之自利的行爲，其區別不在自我滿足之形式，而在其內容。

按社會全體的見地，透視人格之本質而愛人者，曰眞仁愛。如是而自愛者，曰眞自愛。凡人皆立於社會關係之上，而非孤獨者。故自愛者當知自己有社會關係而愛己，愛人者亦當以人爲有社會關係之人而愛之。皆非僅求暫時孤立的滿足也。仁人之愛人以德，即予人以自由發達之機會，俾之得發揮其能力以完其人格。人之人格非他人可代而完之也。

眞自愛者務期自由活動其良心，故推己及人之仁人。亦欲助人得良心活動之自由。人皆有依良心活動以完其人格之道德的責任，而能使人皆不棄其責，可盡其責者，社會之先覺者也。故其愛人也，立人達人之欲望也，非以他人人格供自己修德之材料也。杜威謂之曰道德之平民主義 Moral Democracy 與道德的貴族主義 Moral aristocracy 相對而言也。一般羣衆聽少數者之指揮而盲從之，不復有自爲謀之勞，曰道德的貴族主義。而平民主義則不然，指示爲善之方針，予之以機會，使人皆得盡其力而自爲之。凡人之能力資質，位置，職業，雖千差萬別，而其所以爲人之人格則一也。人之欲善，誰不如我？尊重其人格使之得發揮其能力以完之。斯爲道德的平民主義之精神。即所謂己欲立而立人，己欲達而達人也。夫本能的同情初無所謂善惡，能適當指導而使合乎良心的活動而善惡乃判。蓋同情云者，欲使他人滿足若自己滿足之本能也。然因其爲本能活動，故屢有謬誤。因自己所認爲滿足之事，未必非不德。又即令在己雖無害，而或不宜於他人。苟悉推己所好以及人，則未必是善行矣。故必先察己所認爲滿足者是否爲善事，又察他人之爲如何人。即同情當受理性指導方無誤也。吉田靜致曰：本能的同情與穩健的自我眞滿足相合，而次與他人以穩健的滿足，方有道德之價値。即以眞自愛之態度愛人也。故欲能眞仁愛，必先能眞自愛。我欲自完人格，亦欲他人之自完人格。而我必因我之特殊性質，按我之特殊社會關係，而爲最善之我，斯他人亦必因其特性，按其特殊之社會關係，方能爲最善人。故人人自完人格則一也，而所以完之之道實千差萬別。無差別之兼愛，不足取也。仁者可使人人有爲善之機，而不可以一人代庖。然使人人有爲善之機，實我之良心的活動也。故自兼善方面言之曰仁愛，而就以兼善爲要求而言之曰自愛。是爲自愛仁愛契合之妙境。

第四節　眞我實現

要求欲望，即爲自我之所寄托，要求之實現，即爲自我之實現。由此義言之，則吾人一切行爲，不問其爲善爲惡，皆自我實現也。然英國格林 Green 教授所倡自我實現之倫理說，風靡一世，其義與是略異。今採用其術語，而述余之見解。

實現 Realisation 爲對於可能性 Possibility 或潛在性 Potentiality 之語。潛在之物，有漸漸發現之力。此力爲本來所有，而潛伏於中，漸漸發展而現於實際，是爲實現。如前述良心之起源，人本具良心之萌芽，由經驗而次第進化發達，未嘗少息，即實現之過程也。譬如栗之種子，其中潛有可成栗樹之力，種於土中，則漸漸發芽，成幹，抽枝，出葉，而成凌雲參天之觀，此栗之實現其潛在力也。兒童本具有可爲完人之潛在力，若教育得宜，修養不懈，即能實現。故實現乃對於潛在力而言。有潛在力始能實現，倫理學之實現說，即承認人類皆有可爲完人之潛在力，即孟子所謂人人有貴於己者，當努力而實現擴充之，斯人生之最大目的也。有生之物，步步長成，日臻完全，是爲生物之進化。今實現說，認人類皆有無限發展之可能性，當努力以擴充實現之，亦可謂之進化論之一種。然從來之進化論，重視環境之刺激，而忽視内部之潛在力。謂實際社會上之生存競爭，爲啓發智慧鍛鍊意志之唯一原因，人類之進化，殆悉被環境所左右。而實現說則謂人本來具有無限發展之可能性，得適宜之環境而實現。其說較曩日之進化論多含能動的意味。

自我意識爲人格之特徵，亦爲道德生活之根本。動物之欲望，皆出自衝動，而人類之欲望則發自意志。有意志活動，始有「我」與「非我」之感。故能自由謀要求之實現，以期自我滿足。此行爲所以有道德的意義也。例如飲食男女，實人與動物之所同有也。然人有以食慾或性慾爲縱欲尋樂之具，而傷其生敗其行者，而動物則無之。蓋動物惟有食色之衝動，而無自由之意志。其行動皆屬必然的，機械的。故無貪婪淫蕩之不德，而亦無禮讓貞節之道德也。由此觀之，道德的活動之要素有三：其一自我——欲望之主體——之自覺，其二目的——欲望之對象——之自覺，其三達目的之努力是也。當躬行實踐之際，自我已沒入於實現客觀的對象之努力中。故曰「無我」，「忘己」，「委身」，「奮不顧身。」蓋是時要求之實現，即自我之實現也。夫如是，則所謂實現者，未必即爲有價值之自我，卽未必皆善也。故杜威曰：「不藉可發揮自我力量之客觀目的，則難見自我之性質。非獻身於客觀目的，則自我無實現之途。」又曰：「自智的方面言之，道德問題在於應追求之客觀目的中發現自我。」即格林亦謂意志善惡之區別，當視其目的之性質如何。然則言自我實現，非有價值之理想我不可也。

人類因能自覺，故每感現在自我之缺陷，而預想較現在更滿足之未來我而追求之。故言實現便應含有理想。然則完全理想的自我果如何？曰，不可具體言之也。自有人類以來，能完全實現人格之本相者，未之或有。惟依過去之經驗，而知人類已實現道德的性能之一部分，且有日臻完善之趨勢。故可知人類有實現理想的人格之可能性，且有努力實現之必要。然實未曾有完全實現之經驗，故僅可概括言之曰，人格的滿足，而不能具體形容之。蓋完全理想的人格，當如中庸所稱「能盡人之性，盡物之性，可以贊天地之化育，與天地參」，即超出乎時間空間限制之外，無處不善，無時不善者。然人類實不能免時間空間之限制者也。故某一善行，不外爲某時某地之善行。古來聖賢，皆不外爲某時代某社會之完人。然吾人雖不能有絕對的善行，而可隨時隨地盡其最善之天職，且時時皆可抱較現在更善之理想於心中而追求之，景仰之。其善行雖可隨環境之不同而異其方式，然其爲善行則一也。古來聖賢，爲清，爲和，爲任，爲高明，爲沈潛，其人格每因個性，隨境遇，而異其型，然其爲善人亦一也。綜人類已往之成績觀之，細繹各民族之道德，學問，藝術，習慣，制度，又可見各因時因地而各放其異彩。因其受時代之影響，其價值皆不免爲相對的。然每含有絕對的意味，且其進步發達日臻完善之迹，不難一尋而得。總之人類之精神生活，無論在個人，或在人類全體，其實現之過程，皆於多樣多相之中，有一存焉。一者何？無以名之，名之曰善，或曰人格之價值。此唯一之價值，可實現於人生之差別相，而未嘗中止。吾人求則得之，舍則失之。

人性與獸性，其間有極顯著之區別。人類以外之動物，其活動惟受目前之刺激所左右，未嘗參考已往之經驗，以作今後活動之基礎。動物現在之生活，雖亦不免受其已往經驗之影響。然動物本身初不之覺，其心中未嘗顯然迴憶已往之成敗得失而定今後活動之方針。其已往之影響及乎現在者，僅可謂之自然的物理的而已。故禽獸生活無所謂後悔，亦無所謂希望。而人則大異乎是。吾人之衝動的活動，其受現在刺激之支配，雖與動物同。而同時吾人能徵諸已往之經驗，以定未來之大計。其迴顧已往也，有後悔，有懨心。其預想未來也，有希望，有恐懼，有憂慮，有當爲，有不當爲。蓋人格的生活，有應現在刺激之衝動的方面，同時又有熟審過去未來之思慮的方面。一面可稱爲現在的，他一面可稱爲超現在的。兼具現在的與超現在的兩面生活之人格，可謂之有二重性。故人格的生活常有問題之含蓄，即現在與超現在之矛盾，此人格之所以爲偉大爲神秘也。吾人之感情，亦有現在的與超現在的兩種。目前之快苦，應現在的生活而起者也。而出自超現在的生活之感情，即高尙的滿足與不滿足，則與單純之快苦大異其質。故二者不能相比較，不能相加減。有入死出生千辛萬苦而同時感莫大之榮幸者。亦有備極安樂而疚心不堪者。此亦人格二重性之現象也。此兩種感情之矛盾，於禽獸生活，決不可見。故或謂煩悶爲人生之特徵。蓋煩悶即理想不如意之謂。人之煩悶，雖又有有價值與無價值之分。然禽獸生活，即無價值之煩悶亦無之，因其生活惟限於現在的也。人格之二重性，更可就他方面見之。即全體的要求與部分的要求是也。人之要求甚夥，有食色之要求，權力之要求，名譽之要求，知識之要求，藝術之要求，孝於親，信於朋友，忠於社會國家之要求。其間雖有比較的高下，然皆不可謂之絕無價值。而善惡之區分，則視乎實現某一要求時，是否破壞全體的自我。動物之求食也，其全生活惟受食欲所支配，而不遑他顧。鄙夫之生活，因其動物性跋扈，亦有無異乎禽獸者。然天良苟未盡泯者，則必不紾兄之臂而奪之食，必不踰東家牆而摟其處子。因其不願徇部分的要求而破壞全我也。施里 Thilly 教授言忠於朋友，雖爲道德所嘉許，而實無犧牲生命救護女友之愛犬之必要。此無他，不當以全我徇部分的要求也。人莫不尙愛國，然若因求利於其國家，而破人類之和平，則愛國亦不免爲部分的要求矣。有人於此吾箕倨呼而予之食，彼苟非乞丐，必不我應。然萬金之賂，則士夫將不免喪其節。夫受簞食豆羹，與受萬鍾，皆食欲之要求也。然常人見小利則能不忘全我，而見大利則不惜以全我殉之此善惡之所由分也是故有部分的要求同時又有全我的要求實爲人格之本質而不以全我殉部分即道德之命令也由此觀之人格的生活因具有二重性故常感二者之緊張而發生問題其緊張之感甚切而時時努力以現在的要求聽命於超現在的要求以部分的滿足隸屬於全我的滿足是人格實現之道也苟不克自奮發則此緊張之感將日趨微弱而至於痲痺此喪心昧良之象也。

綜以上所述徵諸人類活動之經驗可見人能隨時隨地實現相對善而同時含有絕對善之意味細察人格之本質一面有現在的部分的生活而他一面又有超現在的全我的生活於是可質言之曰：人格外具有限之姿態而內含無限之本質所謂人格實現即隨時隨地實現其無限之本質於有限相之謂也此所謂質係對量而言吾人不能全知不能萬能然無傷於無限因全知萬能爲量而非質也吾人不能無一定之職業才能不能不生活於某一時代不能脫離一定之社會的位置然亦無傷於無限因職業才能時代境遇皆有限之相也不問爲學者爲教育家爲政治家爲軍人爲農夫爲資產家爲勞動者皆可按其特殊之境遇位置因其個性之特長以發揮其無限之本質而爲善人故曰：「匹夫匹婦可

以與知焉。」此言人皆可發揮其無限性也。又曰：「及其至也，雖聖人亦有所不知焉。」此言人格本質之無限也。蘇東坡曰：「神之在天下，猶水之在地中。掘井得泉，而曰水專在是不可也。」人格本質之無限，猶水之在地中。人人隨處皆可實現之而不能盡其量也。自人皆可實現無限性言之，曰平等普遍。而自其實現之方式途徑言之，曰差別特殊。然實現既可無限，則人格時時皆爲方成 Is making 而非已成 Is made 故君子自强不息。蓋二重性之緊張爲人格生活之特徵。實現之功愈深，斯緊張之感愈切，斷不容止步。因外具有限之姿，而內含無限之質，故恒感自己現狀之未完，而努力奮鬥。此努力奮鬥即爲無限性之表現，是爲道德生活之妙用，亦人格之神秘也。自己努力創造無限之精神世界而居之，是爲人生之本務。指導未成年者使之領略無限的生活而景仰之，創造之，是爲教育家之責任。故使不能洞悉人格本質之徒，任陶冶人格之責，是責病夫以舉烏獲之鼎也。

或曰：人格實現之最後目的，在個人之完成乎，抑在社會之完成乎？曰：此不必要之問難也。人格之本身具無上之尊嚴。其本身即爲目的，決非他物之手段。此爲不易之眞理。而社會生活，爲人格生活之一面。社會決非立於人格以外之超人。故無互爲手段或目的之關係。人類與其他若干種動物皆有羣集生活，而惟人類能搆成社會者何也？因人格有獨立無上之尊嚴，而又具交感融合之妙用也。凡言語，文字，思想，宗教，學術，技藝，實業，製作品，交通機關，社會制度等，一面可謂之精神生活之光輝，一面又可謂之社會之文化。換言之，即人格交感融合之成績。而社會結合之樞紐於是成立。倘謂生活擴張，惟限於個人而不許通乎社會，則生活實無擴大之餘地矣。今稱某爲善人，則必不外爲慈親，爲孝子，爲賢夫，爲良妻，爲益友，爲能吏，爲良工，爲忠勇之軍人，爲善良之公民等特殊之善人。除此以外，則不能再有空漠之善人。猶不能於桃李梅杏荔枝金橘等特殊之果以外，求漠然的佳果也。蓋必按特殊的社會位置，始能實現普遍之人格。亦必有特殊之各個人格，始能構成普遍之社會。苟不顧一切社會關係，則人格無實現之途。而抹煞各個人格，則社會亦無自成立。故自主觀方面言之曰人格實現。自客觀方面言之，曰洽善 Common good 實現。不外一事之兩面觀也。

第九章　本務之性質

道德之正鵠，在實現洽善之理想，前既論之詳矣。各種要求並起之際，吾人當制止目前誘惑之要求，而選擇其合乎洽善之較遠且大之要求，是爲實行吾人之本務。Duty 要求示吾人所欲爲，而本務示吾人所當爲。有當償 Due 之意。「應當」Ought 與「負」Owe 有關。所謂責務 Obligation, bounden, dnty 者，即對於某事務有拘束之意也。人人有應負之本務，而本務亦可課諸人人，此吾人所恒言者也。慣棄其本務者，曰不道，Unruly 曰無法。Lawless 有意竊避者，曰無理。Unprincipled 此等言語，皆含有法規的强制之意。亦可見人有怠棄本務而採擇其他要求之傾向也。顧最易誘惑吾人，而使之怠忽其本務者何也？曰本能與習慣是也。貪婪之原因，飢渴及占有之本能也。淫亂之原因，性慾之本能也。兇暴之原因，忿怒及爭鬥之本能也。懦怯之原因，恐怖之本能也。臨財之本務，曰毋苟得。臨難之本務，曰毋苟免，男女關係之本務，曰不亂。社交之本務，曰仁愛。可見本務與本能之異矣。非惟生得的本能而已也。習慣本爲有意努力而養成者。然學者藝術家，往往因耽於其學業，而怠忽衛生運動之本務。商業家習於權子母，計利害，而往往怠忽慈善之本務。法律家易流爲刻薄。軍人易流爲狹隘。杜威曰：『習慣既成，則習慣與促進習慣之欲望目的，遂成獨占的。即所謂先入爲主之見也。吾人對於他事所應有之注意每被習慣侵占，遂令吾人沒頭於狹隘之事物。而與所應兼顧之大宇宙隔斷。夫如是則雖家庭社會之本務，亦或視之爲無價值不足道之塵俗瑣事矣。其習慣初爲反省的，合理的。苟得其所，固屬正當。而亦可引起與腐敗的利己心混合之欲望。」非惟個人之習慣爲然也，即社會之風俗亦如之。無論何種風俗，皆足令人生保守之傾向。反乎是者，輒受社會之非難，良心之咎責。其維持社會秩序之功固不尠，而人往往因囿於社會之偏見，而眼光不能擴大。思想不能進步。故曰習俗移人，賢者不免。可見時時審察風俗之意義，而評其價值，實賢者之本務也。由此觀之，本能，習慣，與風俗三者，皆可爲本務實行之障碍。而本務又一若生於與此三者對抗也。雖然，自生物學，社會學言之，本能，風俗，皆不外種族之習慣經驗。僅遺傳其活動而不傳其觀念意識者，曰生物之本能。其經驗之形成文化而傳諸後代者，曰風俗。則習慣爲第二天性，而本能風俗皆爲種族歷史的習慣。此三者實有相同之性質。其根基較爲堅固，合乎此之活動最易實現而少抵抗，實現時必覺愉快，故恒有實現之傾向，遇適當之刺激輒發，或無大障碍即發；總之苟有機會，即成動作，此其性也。故不能實現，必有不快不滿之感。

質言之，直接易發之活動，實爲本務實行之障碍也。然則能十分體認洽善之目的，而覺舊習有改革抑制之必要時，而本務之意識始生。故毫無習慣之自我，亦無本務之觀念。惟習慣既堅之傾向，與未成習慣之志向同時並起之時，即有限性與無限性緊張之時，吾人能體認此較不堅定之志向，可代表理想的自我，而努力採擇之，於是始有制裁之觀念也。

雖然，本能，習慣，與風俗，固足爲本務之障碍，而又爲本務之所從出也。吾人一切生命活動，皆可謂之合目的，前既言之矣。然則本能，習慣，風俗，自大體言之，本爲合目的者。惟其傾向既成固定，往往因時因地而有過不及之失宜。斯不可不反省熟察洽善之鵠以匡補之，此本務所由來也。生物苟絕無本能，斯不能維持其生命。然其初未嘗自覺其生存目的，故本能生於反省以前，而非生於反省以後。其活動非因熟慮其結果而發者，乃因有是活動而後喚起結果之熟慮也。能記憶以前活動之結果，然後漸能於活動未發之先而熟慮其將得之結果，以定其從違。然則本務對於本能，非殄滅之，實指導制馭之耳。食與色皆本能也。苟不過當，斯無節制之本務。鮑爾生謂本務爲本能之制限，而預想本能之存在。苟無本能，亦無本務，又謂本務之最初形式爲「毋如是」之消極的形式，其積極形式初爲「余欲如是」倘其活動之意志不足，斯變成「汝當如是」之形式矣。夫家族之本務，起自性欲的本能。財產之本務，起自食慾之本能。然本務實生於吾人能體認高尚複雜之洽善目的，故有久遠之計畫，倘一時偶發之本能與是目的衝突之時，即抑制之。而苟絕無是本能，則本務亦無所自來矣。至於習慣亦然。其初爲有目的自覺之有意活動。習之久，則有不待反省而發動之傾向。惡習慣固當去之，而良習慣所以亦可爲本務之障碍者，因其每令吾人注意囿於一隅而不遑他顧也。然則務多方養成良習慣，即務擴張良習慣之範圍，以免有偏，斯亦吾人之本務也。人類之有風俗，猶禽獸之有本能，皆所以完其生活職分之合目的活動也。鮑爾生曰：「不知不覺而合乎目的，此爲風俗與本能相等之點。風俗者，種族之知力也。但個人之守風俗也，雖不自覺其合目的，而覺有風俗之存在，及遵守之責。此其之異乎本能也。風俗恒以（汝當如是）或（汝勿如是）之形式臨吾人，而人從之。故風俗謂之有意識之本能可也。風俗非若本能之得自有機的遺傳，而得自有意識的傳習——教育。此二者之差也。」風俗實賴全社會之有意識的活動而維持者。蓋人類營社會生活而得種種之善惡經驗，遂形成固定之行爲形式，藉傳說，摹擬，教育而傳諸後人。苟有背乎風俗者，內將受良心之呵責，外將受輿論之攻擊。故僅守風俗，卽爲本務之要目。惟人智進步，環境變遷，斯舊風俗時時皆有改良增補之餘地。故吾人一方面有維持良風俗之本務，而他一面又有改良風俗之本務。由此觀之，苟經吾人反省而確認之爲合乎洽善目的者，則不問其爲本能，爲習慣，爲風俗，皆有保存助長之之本務。反乎是者，則皆有抑制指導之之本務。誠以吾人隨時隨地不甘囿於已成之自我，而努力欲實現理想的自我也。惟此理想實現之欲望，每不若目前傾向之急切，故非經一番努力奮鬥不可也。一面被目前傾向所牽引，而一面又力趨洽善之鵠。此種緊張之感，名曰本務之權威。卽康德所謂無上命法也。

然吾人何故而有制馭指導習慣之必要乎？吾人呱呱墮地之時，卽與社會生關係之日。關係愈深，知識愈啓，斯與社會關係之方面愈多。對於各方面之社會關係，不可不隨時隨地謀所以善處之之道，以期實現人生之大目的，是爲本務。故自客觀言之，本務起自人生社會之關係也。社會關係爲人類所不能逃。不謀所以善處之，斯不能實現至善。然欲實現人格，舍善處社會關係外，其道末由。吾人幸而有善爲處置之能力，始不爲社會關係所累。

亦幸而有社會關係方有實現至善之途。故本務者吾人所應樂由，亦不可不由之道也。孟子曰：「義人之正路也。」韓昌黎曰：「由是而知焉之謂道。」吾人隨時隨地皆與社會生關係，斯隨時隨地有應盡之本務。所謂時也地也合而言之曰境遇。平時以仁愛保身爲本務，臨陣則以捨身殺敵爲本務。交友則言必信，而醫師對患者則不妨以虛言慰藉。君主國有忠君之本務，而民國則無之。處有財產私有制之社會，則應尊重所有權，而無私產制度之社會則不之顧。此本務之隨境遇而異者也。沉潛剛克高明柔克此本務之因人而異也。本務起於社會之關係，社會進化，斯其組織有變更而本務亦隨之。所以使之然者，洽善之目的也。是爲本務之變易性。雖然社會進化云者，愈趨近於洽善目的之謂。夫婦關係，不問其爲一夫一妻，或一夫多妻，皆有營永久家庭生活之本務。財產不問其爲私有爲公有，莫不有禁掠奪重節儉，尚生產之本務。國家不問其爲專制，爲共和，莫不有忠愛之本務。敬尊長，憐幼弱，奮勇當危難，誠信接朋友，凡屬人類，皆不能不如是。此道德的必然也。苟背乎是，則人生之調和立破，而人我交受其害。中庸曰，「道也者，不可須臾離也。」蓋人生有不易之大目的，斯社會有不易之進化方向，而本務亦有大同不易之點。故曰天不變道亦不變。

就本務之不易性而言也。所以使之然者，亦洽善之目的也。有變易者存焉，斯吾人不可不因時因地以制其宜，以期符乎洽善。有不易者存焉，斯吾人不可不由是以期達乎洽乎之鵠。社會關係爲吾人所莫能外，故人類積歷來之經驗，而得不易之方。顧吾人又時時欲超脫已成之境，而近乎理想之域，故明其所以不易之理，斯可本之以制變易之宜，

法律家有恒言曰：有權利而後有義務。然就道德上觀之，本務與權利，實並行於同一範圍內。本務之所在，即權利之所在也。如保存生命，無故不受他人侵害，權利也。而講衛生，慎起居，則爲本務矣。可見本務與權利，不過一事之兩面觀耳。且法律上保障生命之條文甚多，而不見有養生之規定，故謂之先有本務，後有權利，實甚當也。人有恒言曰：豐功偉業之所以足多者，以其溢乎義務之上也，此狹隘之法律的人生觀耳。自道德觀之，本務所以實現人生洽善之目的者也。洽善之目的無限，斯本務之實行無窮。雖功侔神禹，亦人生本分事。故曰，一夫不獲，是予之辜。則博施濟衆，又安見其足多乎？道德上所謂平等云者，指人人皆有實現洽善力向上游之同等本務，又隨時隨地皆可按其社會的位置，職業，而實行其本務而言也。吉田靜致曰：「無本務以上之善。」誠以凡善事皆人所當爲也。小有成就，輒

自滿自足，以驕其親戚友朋者，卽不自知有人格之賤丈夫也。

第十章　制約的自由與差別的平等

吾人營社會生活而得許多不可不由之道，以期擺脫習慣的自我，而實現理想的自我，是爲道德的本務。然則吾人立身制行，皆應以本務爲依歸，而自由得毋爲本務所限乎？曰，此自由之眞義也。榛柸之世，飽而嬉，怒而鬥，欲而淫，一切行動，除被驅於生理的衝動以外，初無何等拘束，似極自由矣，然其行動實不能出乎飲食男女之外，日呻吟於自然支配之下而莫可如何。半開之世，共同生活之規模粗備，而生活之範圍稍廣。個人之行爲，能超出乎自己一身之外，而影響及乎所屬之團體。往日行動僅被驅於個人生理約要求，而今將被驅於團體之要求。往日惟受自然法則之支配，今將爲社會習俗所左右矣。其風俗禁令及一切人爲的束縛自由之具，誠爲原人時代所無。然自其生活範圍擴大，及脫自然的支配而受人爲的支配言之，則較原人自由多矣。然其時之風俗與道德，初無區別。迨文明社會，人始知以反省的道德爲貴，志士仁人時時考察社會之風俗制度，而悉其利弊。自信其良心之主張，以期實現之於社會，是誠爲社會進步之原動力。但吾人應注意以個人主張，反抗現有風習之所以有道德的價值者，以其爲改良社會之手段耳。個人的道德，能實現於社會生活，方爲可貴。非反抗社會風習之爲事，即爲道德的目的也。是故由歷史的發達觀之，個人之行爲，脫自然的制裁，而受人爲的制裁，脫外部風俗的制裁，而受良心理想的制裁，而人生理想實以社會的洽善爲依歸。故自由非無制裁無顧慮之謂，實對良心負責之謂也。吉田靜致教授謂按自身之羅輯 Logic 而行動，是爲自由。所謂自身之羅輯者，不受心外之制裁，乃良心所創造，合乎洽善目的之羅輯也。杜威教授言個人脫離一種社會組織，而加入他一種之社會秩序，卽脫離固定的社會，而進於進步的社會。其思想欲望愈自由，斯社會之組織愈加複雜。如破壞之運動，一面雖增加個人之自由，而同時構成社會關係益深之新秩序。可見自由實非絕無顧慮之意。社會之秩序，與個人之自由，似相反而實相成者。誠以個人權利屬於社會生活，最良之社會能予個人以活動之最良範圍。有造於社會生活之調和與進步者，人性之至善也。格林教授謂擴張洽善之人格，啓發個人之社會的利益，是爲道德之進步。蓋舍却社會生活，實無自由之可言也。

夫自由之第一義解放是也。在簡陋之社會，吾人活動之範圍甚小，罕得運用審慮選擇之機會，而人格之實現受限制。惟複雜之社會，吾人生活之範圍甚廣，吾人之思想能力恢恢乎游刃有餘地。曩日因乏刺激而幾至萎縮之能力，恰如久旱遇雨，心花怒發，得傾其全力於洽善之實現。故解放云者，社會之組織愈周密，而盡本務之機會愈多之謂也。由家族，友朋，學校，而工商團體，地方團體，而國家，而人類，其範圍愈推廣，其組織愈周密，而人類精神交感之途徑益多，參伍錯綜，千條萬緒。偶一不慎，則社會之調和立破，而人我皆受其害。惟能保其協和，善其交感，則社會之幸福與理想的人格同時實現。此善惡文野之所由分也。非洲南美之野人，虐殺相食，鳥獸行，而恬不知怪者，以其無文明之社會組織也。處孔子釋迦耶穌於食人之社會，將無所用其博愛慈悲，老安少懷。蓋吾人惻隱，是非，羞惡，辭讓之心，胥藉複雜之社會組織，始得解放也。自由之第二義，發動是也。呂新吾先生曰「聖人做出來都是德性的，賢人做出來都是氣質的，衆人做出來都是習俗的，小人做出來都是私欲的。」斯言也，不啻分別自由之等第。小人無所忌憚，自以爲甚自由，而不知爲其私欲之奴隸也。衆人惟流俗是從，不加省察，亦覺不甚費力，而自由亦不及。賢人雖不同乎流俗，而克己工夫未至，仍不免役於氣質。惟聖人不徇欲，不着相，按自身良心之羅輯，一以洽善爲依歸，方能德性渾然而不踰矩。故自由云者，人格之潛在力能自由發動無碍，不牽於物欲，——不正之羅輯，而自由合乎良心之羅輯，——不踰矩之謂也。德之詩人格蝶 Goethe 曰：「吾人如何而能自知乎？思慮不可得也。必也，行爲乎。試盡汝之本務，則知汝胸中所有矣。」鮑爾生教授亦謂僅訴諸理論的反省，不能知自己之能力。惟於實際生活耐苦而知之。吾人對於一定之地位，或一定之人格，而選擇自己之任務，決定自己之態度，方能驗自己之能力。此外則別無自知之法云。蓋人格之潛在力，內不爲物欲所累，而外又得社會生活爲媒介，方能直養發揮而無憾。野蠻人除飲食男女之外，別無盡性之途。故惟以滿足肉欲爲至善也。杜威教授曰：「社會關係愈豐富博大，斯吾人之能力益加顯現。例如觀壯麗之建築，聞優雅之音樂，則從來曖昧不完之建築的律調的傾向，油然而生。吾人於實業的生活，國家的生活，家族的生活，有所成功，斯忠義親愛之德性滿於胸懷。」由此觀之，社會生活日繁，社會的制約日增，而吾人立身制行益多所顧慮。非惟不害吾人之自由，而適足以多方刺激吾人格之潛在力，俾得自由實現。蓋自由之眞義，非無所忌憚之謂，乃擺脫私欲，習俗，氣質等，白克孫所謂表皮的生活，而發揮人格之本來面目之謂也。欲肆意妄爲者。不受理想的洽善的社會生活所制約，而轉爲表皮生活之奴隷。故不受洽善理想所制約，斯必不得眞自由能眞服從，然後有眞自由也。社會上之典禮，法律，制度，皆吾人營社會生活實現人格之成績。其成立本在自由活動之後。惟此等成績既成共同生活之系統，故個人必服從此等系統，而後能自知其能力，評定其價値，實現其德性，而養成有秩序之身心的習慣。即成爲社會團體之一員，方得人生之眞滿足也。其或本良心之主張，對於現成之社會秩序，加以批評，而謀改良，亦不過欲擺脫簡陋之社會生活，而進於更複雜之社會生活，超出未甚周詳之生活系統，而服從更加周密之生活系統而已。非謝絕社會生活，而謀所謂清靜寂滅，或放蕩不羈之個人自由也。

社會生活之範圍愈擴大，其組織愈複雜，斯啓發吾人格潛在力之機會益多，而精神交感之途徑益敏捷而深遠。吾人一言一行，既恢恢然有自由選擇之餘地，故當審愼周詳，而擇其結果影響之最良善最遠大者，即行爲愈自由，而本務之感愈深也。自法律方面言之，行爲者有動作之自由，斯不問其結果如何，皆不能不甘負其責。因制行雖屬個人之自由，而其影響無不及乎社會。故有害公共幸福之行爲，社會皆有明白禁止之規定。個人若不能證明其行爲可告無罪於社會時，斯不可不甘任其咎。自道德方面言之，吾人既知精神交感若是之深且切，故當制行之初，非僅求無過，必審自己之地位，盡自己之能力，隨時隨地擇最有造於洽善者而行之，方質諸良心而無愧。由此觀之，自由與責任——本務，實同時增加者也。法律規定個人自由活動之範圍，務求其廣，俾人人皆有實現人格之平等機會，是爲形式的自由。而事實上眞能於此範圍內活用其能力，發揮理想的眞面目，而無憾，方爲實質的自由。僅得形式自由而未能利用之以享實質的自由，非人格實現之道也。文明國之法律，人人皆有平等之形式自由，而實質的自由多未一致。例如禁治產者以外，人人皆有經濟生活之自由。而社會上貧富之等差，實不啻千萬。倘因遊惰荒淫而致貧者，則不能辭放棄自由之咎矣。社會上之教育機關，予人人以啓培知識發揮人格之機會者也。然或有機會而不學，或雖學而無成。以致無知愚人充斥社會，此道德上之罪惡也。故眞以社會國家爲己任者，必不僅以形式的自由爲滿足，而務求享其實質。蓋自由必以能舉其實爲貴也。近日各國民所力爭之普通選舉，實不難以一紙法令公布之。而無知愚民，或誘於賄賂，或迫於權勢，而不能自由投票。又或卑劣之政黨，貪墨之官吏，從中作奸舞弊，徽特無選舉之實益，而適足爲賊國殃民敗道德破廉恥之助。又吾人所經驗也。故不克舉自由之實，斯社會上不平等之所由生也。

杜教威授曰：「當社會之羣衆，僅有形式的，合法的，自由時，因優秀分子能舉自由之實，而不平等之觀念始生。此觀念遂促進社會上公正之觀念，力求改良法律，政治經濟等狀態；以期僅有形式的自由者，亦克享其實益。」蓋在階級社會。一般人民，雖形式的自由亦無之。在法律上顯然不平等。十八世紀以來，各民族不惜流血以爭者，法律上之平等，卽形式的自由也。然環顧今日之文明社會，其憲法上所規定人民之自由權利，幾無異於畫餅充飢。於是有識者始曉然知欲舉平等之實，不僅在法律上之解放，而在道德的自由向上。必人人在同樣之實質的自由方算眞平等也。然此非人人皆作同樣活動之謂也。文明社會之組織甚複雜，斯增進公共幸福實現洽善之途徑甚多。凡可稱爲正業者，皆社會所需要，而個人實現洽善之法門也。社會將一切實現洽善之途徑公開，任各人選擇，是爲法律上之平等，—形式的自由。而個人各審其能力資質，按其社會位置，隨時隨地擇其最適於自己之途徑，以努力發揮人格之眞面目，而促進社會幸福，斯爲道德上之平等—實質的自由。蓋途徑雖千條萬緒，而可以有造於社會幸福則一也·人之個性之不同，各如其面，而有實現人格之潛在力，則一也。如斯經差別的過程，以達普遍的洽善，方爲眞平等。各選其最良之過程以黽勉從事，方爲眞自由。自客觀方面言之，則機會公開，權利均等，方算爲平等之社會。而自主觀言之，仍不外審其性能位置，各出於特殊之途，以完成其本務，方算爲自由之人。不盡予個人以實現洽善之機會，則社會組織之不良也。然不知利用機會，不能自由向上，則個人之罪也。例如倡婦女解放之論者，謂社會上一切實現洽善之途徑，應公開諸男女，無厚薄多寡之分，此就客觀的方面而言也。然社會上之男女，仍應按其性能位置，而選最良之特殊過程，方能成眞自由之男女。非謂女子必易釵而弁，事男子之事，方算爲自由解放也。必以出位越俎爲自由平等，則却非眞自由平等矣。蓋由差別的過程，以達普遍的洽善，實爲人生社會之妙用。自由平等之義，即本乎是，不可忽也。

從來倫理學說以無干涉爲正義之本質。故區活動爲二類。其予他人以限制自由之影響者，曰對他活動。其不限制他人之自由者，曰對己活動。各人之對己活動，可任意爲之。惟對他活動則國家不可不設規制以統御之勿使妨害他人之自由國家本正義之旨以制定法律。個人亦本正義之旨而守之。如斯以消極的意義釋正義，故個人對於國家之權能務求限制。但以保護個人之自由爲國家之職能。然此種消極的自由主義，趨於極端，遂生社會上之大不平。近日之經濟社會，其證明也。自斯密亞丹於產業上倡自由主義，凡從事產業者，有十分活動之自由，國家不能漫加干涉。其結果之有益於產業進步者誠非淺鮮。然利見而害亦伏焉。因極端放任之結果，即於個人天賦的不平等之上，再加以人工的不平等。資本家與勞動者，有教育者與無教育者，之懸隔日益甚。社會之軋轢隨之而起。於是乎矯弊之說，乃不認自由爲正義之要素，而以平等代之。欲於社會上實現平等，遂認有幾分限制各人自由之必要矣。

夫平等之第一義，在法律之前，人人平等是也。然此義屬於形式的。於消極的自由制度之下，亦未嘗無此種平等之形式。但不能舉平等之實耳。其第二義，機會均等是也。欲實現此義之平等，當使人人受教育至某程度，有相當之道德知識，然後各肆力於生存競爭。然其所謂機會均等之程度，頗屬曖昧，不易任意指定也。於是平等之第三種解釋，直欲於富之分配求平等。而此則更非易事矣。蓋不問賢愚，才不才，惟以數學的平等分配之，則於理不合。故不可不以某種能力爲比例而分配之。然則以何者爲比例之標準，即問題之所在也。將以社會之安寧幸福爲標準，視各人功勞之如何而分配社會之富乎？抑以個人爲標準，依其努力之程度而分配之乎？或按個人實際需要之大小而分配之乎？若以個人爲標準，而較量其努力之程度，則非人力所能評定也。若按需要之大小，則生活困難者，不能不多予之。然則困難者必無空乏之憂，將失却勵精奮鬥之刺激，而經濟之退化將不可免矣。故於富之分配求平等，實未有善法也。

顧自由之概念，僅以消極的無干涉釋之，殊未足以代表正義之眞意。惟積極的實質的自由方有道德之大價値。前已言之矣。故吾人當斥消極的自由，而勉爲積極的自由。斯自由之中，實含有適當修養，盡力發揮人格的潛在力之意。欲得人格之實現，斯不可不予以可助實現之條件，亦不可不抑制有碍實現之條件，非惟漫無制約而已也。然則眞平等之實現，亦猶是也。縱令富之分配完全成功，亦不過得物質的平等滿足，即除去消極的平等實現之障碍而已。夫財產者實現人格之資耳。雖得此資，而積極奮鬥與否，仍視其人之道德心如何也是故以教育啓培個人身心之性能養成其社會生活之能力及自由奮鬥之德性。而社會之組織又使人人有自由選擇職業之機會方算爲實現積極的自由平等之要件。此即民法主義的國家生活之極軌也。

第十一章　德

吾人既明至善之理想，又知所以實現是理想之本務，於是躬行實踐反復習慣而成善良之品性，厥名曰德。樂記曰：「德者得也。」朱子謂行道而有得於心之謂德。韓昌黎曰：「足乎己而無待於外之謂德」論德者大抵指學養兼到時之心理狀態而言。然必有體認至善實踐本務爲其先行條件，而後德有所附麗，此又不待言而明者。顧體認至善實踐本務者，不外吾人之思想，欲望，意志。故論德者必以心理方面——人格之屬性—爲主。鮑爾生教授曰：「德者增進個人及社會之福祉之意志習慣，而衝動爲其自然的基礎」杜威教授曰：「品性習慣之有維持擴張合理善，及洽善之效能者，曰德。反乎是者曰惡」吉田教授曰：「德者擇善之習慣也。」近日諸名家之說大畧相同。惟鮑爾生教授謂衝動爲德之自然的基礎一語實具深意。蓋古希臘蘇格拉底倡德福合一之說。後衍爲快樂派，竟以尋樂爲德。於是犬儒派起而反之，以禁欲苦行爲德，遂衍爲理性派。然按諸近日心理學，一切衝動皆爲意志活動之基礎，而初無善惡之可言，顧修養敎育之如何耳。純任自然固不可，而滅却本性亦不可。以理性指導衝動，即德之基也。故鮑爾生曰：「斯賓奈沙 Spinoza 謂賢者之行毫無衝動，而一依理性。然世決無此人，即有之，亦不能生存。康德謂本務之人無衝動。無性向，盡依尊敬道德法則之觀念而行。如是者，非人也，妖也。」

蘇格拉底以知識爲德。謂知則必行，故人當務求知。於今思之，其說似未盡當。蓋吾人之衝動，賴理性之指導而成德。然最初所賴者非自己之理性也。兒童富於衝動而乏理性，賴父母師保之理性指導而成良習慣，遂爲畢生德性之根基。如清潔之習慣，羞惡之心，誠實禮讓之習慣，兒童最初皆未知其價値，惟賴敎育之力養成第二天性。及長，然後知其可貴。由此觀之，德之初成，非由知而行，實由行而知也。少年自動的修德之時，所知者亦惟種種具體的善惡事實。積善去惡既久，然後歸納而得普遍的抽象原理。當其未明判斷一切善惡之根本原理時，惟賴具體的指導，方不陷於邪僻。故能依完全的道德觀念，以渾全之天性，制御自己一切行爲，實修德之最上乘也。夫因知而行，實盖然之理耳。世之明知其善而不爲，及明知其惡而爲之者，比比皆然。安見知與行之成必然的因果耶？且惟雖知之而有可爲或不爲之自由意志，吾人之行爲方負道德的責任。倘知則必行，而不行者皆不知也，則意志自由安在哉？善惡之知識，固爲成德之重要條件，而實非其唯一原因。故自亞里士多德以來，學者皆認德爲善行之習慣性。惟德性之習慣與藝術之熟練有別。藝術家工夫純熟，則有所作必佳之習慣，與善人之所行必善相類。然藝術家雖所作必佳，而未必時時衒其技也。倘修德者亦曰「吾不行則已，行必善。」若終不行，則善終不見矣。或偶行之，亦偶見其善而已。有德者果如是乎？故吉田敎授曰「德者見善必爲，及爲善不息之習慣也。」然則其中實含有許多情意的要素矣。杜威曰「對於行爲之賞讚及非難，非純然知識的，而爲情緒的實踐的。」吾人見善而嘉之者，知其善之價値，起愉快之感情，而獎勵扶助之，欲更促其注意也。見惡而非之者，知其不良之性質，起憎惡之感情，而非難斥責之，欲使之悔悟也。且嘉讚與責難，非惟影響於受之者。亦足以見月旦者自身之品性。吾人對於如何行爲則感其善而嘉之，對於如何行爲則感其惡而非之，一面固爲批評他人之行爲品性，而一面亦適足以發表自己之品性。見善而不稱之，見惡而不嫉之，皆不德之人也。或故以不嫉惡爲涵養，或以頌揚爲得計，或故作無責任之批評，則皆小人也。要之稱讚與責難，實具道德的重大責任。故曰：「惟仁者，能好人，能惡人。」

余既採鮑爾生教授之說，認衝動爲德之自然的基礎，則凡能誠心誠意，利用自己之性能，以實現洽善者，皆有德之人也。吾人生得之性能，皆有可善可惡之性。苟善用之，則爭鬥憤怒之本能，可以成大勇，占有採集之本能，可以節儉營生。苟不善用之，則同情可流爲姑息，羞恥可流爲懦弱，愛情可流爲淫蕩。孟子謂好勇，好貨，好色，皆可以致王，即認一切本能皆有成德之可能性，但問其能否利用之以實現洽善而已。然而習俗不察，輒拘泥某性能爲德性，而認某種性能與德不相容，則大誤矣。同是性也，或爲勇，或爲暴，或爲智，或爲譎，或爲怯，或爲讓，或爲刻薄，或爲正義，或爲姑息，或爲仁愛，顧用之之方如何耳。同一人也，臨陣則勇，事親則孝，交友則信，求學則勤，臨財則義，顧用之之時與地如何耳。中庸曰：『智仁勇三者，天下之達德也，所以行之者一也。』一者何？實現至善，未嘗少懈之意志的習慣也。因其能實現洽善與否，則有德與不德之別。因其所處之環境不同，而表現之形式亦各殊。運用之妙，實存乎一心也。明乎此，則可別習俗之德與純粹之德矣。夫德之成，既成於隨時隨地，利用性能以實現至善，故每隨時隨地而變其意義，且隨社會進化而擴張其內容。所不易者，惟實現至善之傾向，即德之抽象的形式耳。故愛人仁也，而以生道殺人亦仁也。保身孝也，而戰陣無勇非孝也。部落之世，以服從酋長爲忠，而開明之世則上思利民忠也。野蠻社會惟知捨身殺敵爲勇，爲愛國，而文明社會則從事於一切正當事業，皆爲愛國，黽勉奮鬥，皆爲勇敢。此皆德之意義變易，及其內容擴張也。社會上習慣之德，皆得自先民社會生活之經驗，未嘗無相當價值，惟其傳習的摹擬的成分，亦復不少，未必一一得自反省熟慮者。且時異境遷，其意義內容必有變易擴張之餘地。吾人雖不必以盡破壞習俗爲有德，而不可不熟審其應變易之點而改良之，尤不可不於既成的內容之外，探求純粹之德而創造之，方能接近乎洽善之鵠。

由此觀之，德之說明約有三：（一）個人善用其性能之習慣，（二）善處環境之習慣，（三）德與不德之批評，即爲彼我品性之尺度。故歷來之言德者，或列舉善處環境之品性，或列舉善用性能之品性。然此種分類法，未免過拘於形式，且不勝其煩瑣。但不問何種德性，皆有必具之特質：第一盡心力而爲之之態度也。既認爲理想之所在，苟不舉全自我與之合爲一體，必不能得眞滿足，故二心謂之不德。樂乎爲善，與「見善如不及，見不善如探湯，」皆形容誠心誠意之狀態也。第二有恒有趣，不屈不撓之態度也。小人未嘗不能偶出善言，偶行善事，以冀惑人之觀聽，然必不能有恒，必不能臨難。惟君子好善之心堅而强，故不問境之順逆，事之難易，而好善之心不變；處暗室屋漏而志不少懈，冒巨艱萬險而氣不稍奪，此信道篤而操守强也。第三動機純正而無私也。義之所在，雖明知其不利，亦爲之而不辭，因其動機不雜絲毫人欲也。所謂義之所在利即存焉云者，以義爲利之道德的解釋耳。世往往有義利不能兩全之時，而君子唯義是守，初不爲利害動其中。即義利一致時，亦不過自然之結果，君子初非爲利而爲也。蓋實現洽善爲君子畢生莫大之欲望，初無半點私欲雜乎其間也。是故熱心爲善，可名之曰正直。有恒不屈，可名之曰勇敢。純粹無私，可名之曰節制。而能統籌全局，曠觀過去現在未來而因時制宜，又不可不賴乎明哲。

第一　節制

此爲善用吾人性能，以資實現洽善，即成德之第一步工夫也。人類以外之動物，其行爲純爲衝動所規定惟人類則能以自己之意志規定自己之生活，以期合乎洽善之理想，此爲人類之特徵。吾人生活之初期，亦不免爲衝動所支配，故自然的衝動實爲初發的意志。及積實踐的經驗，而明洽善之理想，始能以善意志規定衝動；即以道德的自我指導吾人一切行動，或抑制之，或促進之，或收歛之，或擴張之，以鎔鑄完全之品行，人格與自由於是成立。亞里士多德以中庸 Moderation 爲德，即吾國中庸所謂發而皆中節也。故節制者，人禽之所由分，而文野之所由判也。夫極端禁欲主義之不當，前既論之詳矣。故語其利，則食色實爲人生要事。而語其弊，則應節制者非惟食色而已也，凡可以吸引吾人注意，使之偏向而不遑他顧之欲望，皆在必應節制之列也。人各種性能，若發而皆中節，則精神全體常在協和狀態之中，即爲莫大之幸福。苟有一太過，必有一不及，而協和立破。故曰「中庸不可須臾離也。」即事事皆應節制之謂也。謙恭禮讓，所以節競爭憤怒也。貞操，所以節性欲也。冷靜，所以節激情也。淡泊，所以節淫靡也。廉潔知足，所以節貪欲也。不欲速，所以節躁進也。皆所以和吾人之中而善人我之關係者，即節制之消極方面也。雖然中庸的節制之所以可貴者，因吾人有實現人格之大理想也。因有是理想，斯吾人之行爲方饒趣味，具活力。過度欲望之所以不可不節者，以其能破吾精神全體之協和耳。苟其欲望足以實現全自我，則其吸引力惟恐其不强。亦惟吾人傾全力於人格之實現，斯吾人之注意不爲一偏之欲望所奪。故節制之中，實寓有統籌詳察全自我之意義。即熱心於洽善之實現，方不爲斷片的偶發的欲望所牽制也。吾人隨時隨地，一言一動，皆能體認洽善之理想而深感其眞趣，則一切私欲偏向，皆不足爲吾累，此節制之積極的意義也。斯賓奈莎之言曰：「吾人非爲節欲而好善，乃因好善而節欲也」。世每有處窮乏則耐勞忍苦，一旦得志，則肆意縱欲者。蓋其曩日之節制，非爲好善，乃謀將來之縱欲而暫行節制也。故柏拉圖謂爲放縱而節制者，僞節制也。欲行眞節制，斯不可不於道義中尋樂趣。而欲成完人，斯不可不隨時因事，謀實現理想之善法。黑爾巴特 Herbart 所謂多方興味者，非多欲之謂也，乃每事求道德的中庸的眞樂，斯僞樂不我誘矣。

第二　勇敢

耐苦，忍痛，冒險，以實現洽善之理想，此勇敢之本質也，抵抗有害於爲善之誘惑，斯爲節制，而抵抗阻礙洽善之恐怖，則爲勇敢。其根本要件爲不懼。（勇者不懼）然所謂不懼者，非無所恐之意，乃明知其可恐而不之懼，即不爲恐懼之念所動之謂也。倘世絕無可恐之事，則勇敢之德無由而成。如盲人騎瞎馬，夜半臨深淵而不之懼者，非眞勇也，無恐懼之感也。覺其可恐，遂畏葸不前，斯爲懦怯。惟能體認理想——大義之所在，故犯難冒險而不顧。斯爲大勇。故有所恐，非辱也，但畏懼而自棄其理想，斯可恥耳。人智愈進，斯可恐之事愈多。苟無害於理想之實現，則吾人不應作無益之冒險。然苟以威脅之態度臨我，扼我實現洽善之道，則我必挺身而與惡魔戰，此不懼之意也。顧吾人知可恐而不恐者何故？曰，因吾人有大可懼者存也。人皆有實現洽善之本務，此爲分人禽判善惡之關頭。吾知世上可恐之事，莫過於自喪人格，故其餘一切危難，皆可置之不顧，是爲大勇，是爲眞冒險。其不懼之念，非生於打算利害，而生於信道守義者也。勇之屬性爲不懼，又爲臨事而懼。蓋所懼者，喪人格也。所不懼者，其餘之利害也。恐怖與憤怒之本能，人與禽獸皆有之。而禽獸之性怯者，人可使之入吾羅。其性暴者，可使之觸吾刃。惟人類則能以智力運用其本能，或畏避，或攻擊，因事制宜以保其生。至有德之君子，則不屈於威武，而屈於道義，不欺弱小，而氣吞奸回，不懼危難而懼喪名節。孟子言養氣，曾子貴自反而縮，蓋必能體認洽善之理想，信道篤而望之切，方能成道德的大勇。故曰，胆從識生，識力高者方能合乎中庸也。古來以勇敢爲護國禦敵之德，其價値迄今亦未嘗少減。惟臨陣之外，適用勇敢之範圍甚廣。一切藝術之創作，眞理之發明，社會之改良，皆有賴乎前進持久之精神，方能於萬難萬惡叢中尋出至善而實現之也。肉體的勇與精神的勇之區別，但在其適用範圍之廣狹，而本質上初無差異。不顧身體上之危難，而敢爲其所當爲，與不顧世俗之是非毀譽，而特立獨行以實現其理想，皆不外以高尙目的壓倒恐怖苦痛之念，初不問其關於肉體或關於精神也。

第三節　公正

自極廣義言之，即公平正直，不偏不倚之意。韓昌黎曰：「行而宜之之謂義，」實道德之總稱也。然自狹義言之，待己待人，皆公平無私，不因人己而有輕重厚薄之別。自己之正當權利，與他人之正當權利，皆一律尊重，應予則予，應取則取，皆按正當之價値，卽通常所謂正義也。至法律上以擁護權利爲正義，則又其最狹義矣。要之名譽，財產之正當分配，及對於違法者之制裁矯正，皆不外着眼於社會全體，而以不紊秩序不破協和之度態對人也。倘或特別加厚於一人，而其餘之人則付諸等閒，又或特別著意於一事，而餘事則置諸腦後，皆非公正之道也。尊重買賣雙方之權利曰公平貿易。不放棄自己之權利，亦不侵害他人之權利，曰正直交際。不耽於快樂而忘節制，不脅於苦痛而畏危難，時時能令精神全體，不陷於一偏，而行動不背社會之協和。故公正實一般的善，而社會的德也。惟狹義的正義，但以尊重彼我之權利，不破秩序爲主。其意味不免冷酷寡恩。故對社會之德，正義當以仁愛相表裏。我國歷來言道德者，必仁義並稱，即此義也。仁愛之德，非惟以冷酷的態度維持秩序，而富於慈祥溫厚之情，適足與正義相輔而行。不阻他人之自由，不害他人之權利，是爲正義。而設身處地與他人以己所要求之滿足，是爲仁愛。此積極的態度，不可忘也。以正義的態度，對於他人之權利，或必不可不尊重，或必不可侵犯，皆有一定之程度。而超出此程度以上，進而謀他人之福祉，則爲仁愛矣。正義惟限於既定之範圍，而尊重他人之權利。而仁愛則着眼於德道的生活，欲使他人得理想的滿足。故言正義必與法則有密切之關係。正義之人，即守法律之人也。其法則或爲國家制定之法律，或爲社會所期許之典型，而人皆僅守不踰，方謂之不悖正義。杜威曰：「法則之所以可貴者，以維持實現人類幸福之秩序耳。然此義人輒易忘之。故不知法則爲善而存在，却置法則於善之上。一若人爲法則而生，法則非爲人而作者，此正義所以不免於刻薄也。因此而幸福實現所不可缺之要素，亦往往被輕視，被閑却。於特殊地位而自由適應之行爲的美德，亦將枯槁矣。不能因事制宜，惟以墨守抽象的法則爲正義，其結果則正義却不恭之甚也。欲補其缺，非仁慈溫厚不可。」於此可見動以守正義爲辭而不以仁厚之態度對社會者，非道德之所許也。正義既與法則有密切關係，故苟有悖乎正義者，則制裁隨之，此爲恢復正義之活動。國法之制裁，與論之攻擊，及國際之戰爭，皆當以正義發動爲本。故制裁者，對於損害之憤怒的本能或報復的本能之道德化者也。野蠻社會之制裁，不問加害者之爲何人，亦不問其動機之如何，漫無區別而行之，如株連滅族等事是也。文明既進，始明行爲者個人之責任，而審其動機，察其情形，以斟酌決定之。故文明國之刑罰，區別詳明。即代表道德的批評之輿論，亦決不尚過酷。於是制裁漸得恢復正義之眞義矣。惟國際上之戰爭，往往失恢復正義之本旨，此今後所亟應研究之問題也。

第四節　明哲

道德的品性之重要者，隨時隨地體認洽善理想之習慣也。行爲之既現於外者，勢難挽回，惟賴事前之審慎熟慮，方能擇善而行。書曰：「知之曰明哲」，指此道德的知識而言也。吾人生得的本能，賴明哲以指導之，始不誤其方向。後天養成之良習慣，亦必經反省始能運用得宜。故明哲實諸德之南針也。蘇格拉底以智爲德，雖未嘗言之太過。然古希臘時所謂知識，不外社會生活之直接經驗。其所謂知，皆眞知也，故直影響及乎實行。而今日之知識，大半得自理論的，科學的，載籍，雖知之而未必即可見諸實行。故今日言辨善惡之德性，當含有篤實不欺之意，方合明哲之旨也。道德活動之知的方面，可大別爲二；善惡之辨別力，及反省熟慮之作用是也。善惡之辨別力，以敏銳爲貴，苟遇事皆不置可否者，即無是非心之人也。若是非之心常活現於胸際，則縱令間有錯誤，而仍不失爲道德之淵源也。雖然，善惡之辨別，實積許久反省熟慮而得者。今日之辨別力，即以前反省之成績，而今日之反省熟慮，又將養成未來之辨別力。有反省熟慮之習慣者，其效用不僅限於目前之行爲，實足以擴張既成之識力，而影響及乎畢生之道德的生活也。凡良心活動之態度，皆不甘限於已成而矢志日新，自强不息。其道德的認識作用亦然。時時盼到更善之狀態，斯時時求知更善之理想，是爲明哲之特質。故有德之君子，非惟按理想而行動，且時時努力增高其理想。蓋但求行爲合乎理想，而現在所體認之理想，尚恐未登峰造極也，故不可不求理想之日新進步。能隨時隨地力求至善之理想而實現之，即爲人生之大理想。吾人成一善事，非惟一時滿足，且可因此次之成功，而益信理想之可以力求，乃益覺有趣，益加奮發，而日新無已。蓋道德的理想雖普遍而無限，然除於特殊之行爲求日新之理想外，則再無實現之途徑。此反省之所以刻不容己也。

明哲之德，又可分爲形式與實質兩方面觀察之。明哲之形式，不自欺是也。體認眞理之本相而服從之，不以我之利害感情而變更其本相。以我服從眞理，不枉眞理以遷就我，不巧弄眞理以護我之短，亦不以眞理之不便於我而故作痴聾，是爲不自欺。蓋以自己之本相對眞理事之最可恐者也。世人之明於責人而昧於責己，又或傍觀則淸而當局則迷者，皆因利害之念，懶惰之情，橫於胸中，故不願以己之本相對眞理，亦不願以眞理臨我也，非眞不辨是非也。故不自欺，惟聖人君子能之。彼見善而不能行，知過而不能改者，皆因利害怠懦之念亘其中也，此德之賊也。能去德之賊，方爲明哲。其中實含有許多節制勇敢公正之工夫。明哲之實質，即上述之反省是也。自知己之能力，審己之位置，於特殊之社會關係，

選最善之理想以最善之方法實現之是爲明哲之實質

第十二章　道德之進步與人生觀

不滿於現在之狀態，而自强不息，力求理想之實現者，道德生活之本質也。故對於現在之狀態抱悲觀，未嘗非道德生活之一面，然非終悲觀也。雖不滿於現在，而確信理想可實現於將來，採良心的態度而勇往邁進，此道德生活之眞相也。自其確信理想可得而實現之點言之，則期待的樂觀又爲道德生活之他一面也。愈進步而愈覺不足，愈不滿足，斯愈求進步，終身無所謂滿足，斯前途之希望無窮。其所以不滿於現在者，因覺理想之尙遠也，故雖類於悲觀而非厭世。其所以希望未來者，因確信理想之可以力致也，故雖樂觀而不敢忘奮鬬，亦不陷於出世之幻想。此道德生活進步不息之現象也。

夫道德之起源，初非完全無缺者，前已屢言之矣。在風習具莫大權威之社會，人人惟風習是從，而不敢稍存懷疑。迨其後漸覺風習之多不適用，而思索其眞義。又或當各種風俗相衝突而莫知所從之時，始惹起吾人之比較觀察。於是制行之標準，不能不舍却已成之風習，而求諸道德的理想，此道德進步之最著者也。雖然，風習固未嘗因道德原理之成立而日就消滅也。社會生活日進步，斯種種規約增加而形成風習，故謂風習隨道德原理之進步而增加亦未嘗不可。倘謂道德進步則風習減少則誤矣。惟在道德未進步之社會，人皆不辨風習之良否，不審其眞價而盲從之。迨道德思想進步之後，人始知按良心之活動，審風習之眞意，辨其良否而定從違。其態度由他律而變爲自律，其標準不求諸客觀的風習，而求諸主觀的良心。人人皆欲實現其良心所體認之理想，是爲道德進步之特徵。顧此道德的理想亦非固定不易者，實爲變動不居，進步不息者也。吉田教授言道德的生活有二重進步。努力實現理想，一進步也。而理想之自身又爲進步不息者，則爲二重進步矣。夫理想若爲窮極一定之的，則無論如何遼遠，而人之道德生活必不免有止境矣。其實非也。蓋理想實爲人心所造，懷理想之人心進步，則其心所懷抱體認之理想亦與之俱進。倘謂理想有一定之位置，是理想與心判而爲二，此非理想也。鮑爾生教授言道德生活之理想，頗類漫遊者之欲望，恆在遊人之前。遊人經歷多一處，而欲望又出乎其前。出發之際，欲望彷彿在山之巓。迨登高望遠，而眼界擴大，目的又覺遼遠，遂永不願止步圖休息矣。蓋理想之名稱雖同，而其內容恒因人而異。例如以「碩學」爲理想，「碩學」之名雖同，而其意味則因人之見解而異。又同是一人，而其學識進步後所體認「碩學」之理想，與其未進步時心中所體認之「碩學」，固大異也。學識淺陋者心中所體認之「碩學」，與學問高深者心中所期望之「碩學」，決非一致。猶修養較進步者心中所體認之窮極理想，與修養較淺時所體認之窮極理想，必大相逕庭也。要之懷抱理想之人，其心中所蓄積日富，斯其所懷抱之窮極理想亦進化無已，而恒覺今是而昨非也。顧人之心理，每有將自己主觀的理想化爲客觀的對象之傾向。宗教上之神佛，實不外人心之理想。自信仰上言之，則神爲絕對的存在，而自心理言之，愚者心中之神，與智者心中之神，野蠻社會之神，與文明社會之神，固大異其內容。豈神自身之進步哉，實因人心之進步也。

吾人心中時時有實現理想之確信，故雖不滿於現在，而有期望的樂觀。而所體認之理想，亦日加高尙，此所以道德之進步無止境也。斯賓塞爾按生物進化之理，謂人類可達完全理想之域。生物依進化之理想，其生存者皆適於環境者也。最優勝之生物，與環境日益接近，而最後將能完全適應。故理想的人構成理想的社會時，將爲社會進化之終局。顧人類之進化，有大異乎其餘生物者。以人類之環境恒隨人智之發生而改變，而其餘生物之環境，則一定不易也。生物之環境，純屬物質的，而人類之境遇則兼有物質精神兩要素。人智發達，其境遇上物質精神兩方面之變化，益加複雜，益加高尚。進步之人類，其所體認之理想的社會亦愈加高尚。以今日尚在進化中途之人類，而欲想像終局之理想社會，未免太早計也。要之道德生活實爲永久進步不息之過程，斯時時有不可不實現之理想，即時時有本務之感。倘想定某種狀態爲終局的，則將不免有現在抱樂觀之時，而道德的進步不幾息乎？

道德的生活，雖恒不滿於現在而期望理想之實現，然實以人生是有價值的爲前提，故努力求改良進步。至於厭世主義，則恰與此旨相反。彼認人生是無價值，而且日趨於最惡者。故不問對於現在未來，皆抱絕對的悲觀。其論據雖多，而其最著者可約爲二種：其一以快樂爲根據，而認人生日趨於苦痛。又其一以道德爲根據，而認人生日陷於罪戾。今分論之。

以快樂爲論據者，謂快樂幸福吾人所最希望者也，然人生實苦多而樂少，幾無異乎淚之谷 The vale of tears 故人生毫無價值者也。夫快樂未必盡爲人生之理想，前已言之詳矣。然人生之快苦，果孰多孰少，亦無確實之證據。吾人一時一日所感之快苦，尚不可得而統計比較之，而况終身者乎。一身之快苦尚不可確實計算，而况全人類者乎。蓋快苦實因主觀而異者，初無確實之標準，不能謂人生苦多於樂，猶不能謂樂多於苦也。德國大厭世家叔本華 Schopehueaur 欲以意志活動之本質証明人生之苦多樂少。其說曰吾人有盲目的欲望，苟不得之，則不堪其苦；幸而得之，亦不過滿足一時，而第二欲望又將繼起。故欲望永久不息，而吾人永不能脫悲痛之境。吾人日徬徨於欲望與滿足之間，欲望實以苦痛爲本質，有欲望卽有苦痛。而無欲望則爲寂寞無聊，亦與苦痛相等。吾人日求免苦，而終不可免，直至死而後已。猶墮海者雖力泅求脫，卒葬於波濤之中。人生又如小兒遊戲之肥泡，雖竭力吹之，而轉瞬即滅，故死實得最後之勝利。未生之前，已知有死，惟未死之前，生命暫供死之戲弄耳。吾人但感苦痛而不感不苦，但感憂慮而不感不憂，但感恐怖而不感不恐。吾人感飢渴，感欲望，及得滿足也，僅快樂於一時，而轉瞬即消。所能回憶者，皆苦痛而非快樂，故快樂之性質皆消極的也。所永感不忘者，惟苦痛而已。

人生之欲望無窮，故努力奮鬥，死而後已，誠有如厭世論所云者。然欲望奮鬥决非苦事。苟無欲望無奮鬥，斯人生之價值失矣，人生者運動也，動作也，進步也，發達也，無固定不動之目的，斯欲望努力亦不可休止，惟欲望層出不窮，努力奮鬥不息，斯爲生命之光榮自由之價值。彼厭世論以永久靜止爲最高善，而以生命爲其手段，故謂最高善終不可期，然生命之價值，即在其自身，而初非他物之手段。火車旅行，則爲達目的之手段，而生命實異乎是。譬如逍遙於山水之間者，筋骨運動，胸懷舒暢，泉聲潺潺，鳥鳴喈喈，花香馥郁，凉風習習，個中樂趣，令人應接不暇，此外別無所求，雖飢渴困頓，或偶遭蹉跌，亦不覺其苦也。苦痛之爲事，每足以鍛錬品性，而促其發達。就此點言之，其價實高於快樂。故曰：「盤根錯節，足徵利器」，又曰：「艱難玉汝成。」蓋人不受困難之打擊，斯不能成人生舞台之健者。倘視苦痛爲惟一大害，則誤矣。

厭世論者又欲以人智進步說明苦痛之增多。叔本華信多智多悲之理，故謂文明之意義，即爲缺乏及欲望之增加。新欲望，即新苦痛之意也。多智慧者，恒瞻前顧後，徒自苦耳。下之苦，又預計未來之禍，故其苦特甚。且肉體的自我之外，更有理想的，社會的自我，如所謂名譽，令聞者；稍有毁傷，其苦痛尤甚於殺身。然社會組織愈複雜，而毁傷社會我之機會愈多。況智慧與同情發達，人不獨憂其憂，而憂他人之憂。由此觀之，文明進步，實所以陷吾人於千愁萬苦之中也。

夫苦痛增加，誠爲文明進步一面之實事，然他一面之快樂亦大增。新文明固生新缺乏，而滿足之新手段亦同時發生。新缺乏固有新活動之意，而新活動即有新快樂之意。吾人固可感未來之苦痛，而亦何嘗不能希望未來之快樂乎，安見未來恐懼之多於希望耶？且吾人回憶已往經驗之危難，每不覺其苦而感其快，因已過之悲哀，其刺激甚弱，而當時打破難關之奮鬥精神，恒活躍於胸際。老人自述其生平，輒舉其逆境而津津樂道當時之奮鬥情形以自鳴得意。倘一生未經危難，則幾無善足述矣。又吾人倘與世相忘，無所顧戀，實爲悲痛之最大者。惟因不願爲人所鄙薄，始覺得人尊敬之可喜。惟憂人之憂，而後能樂人之樂。失志之時得人洒一點同情之淚，則悲痛頓減。得志之時能與我所親愛者共之，則愉快倍增。故共苦則僅得苦之半，而分甘則得甘之倍，皆同情發達之功也。要之人智發達，苦痛雖增，而快樂亦擴大。二者孰多孰寡，固不可得而精密比較之。惟按生物進化之理，快樂生於適應之活動，而苦痛生於不適應之活動，則人類愈進化，斯適應之能力愈大，雖不能謂毫無苦痛，而樂多苦少，實爲當然之理也。

以道德爲論據之厭世家，謂人類以生存爲目的，苟足以自保其生，則無所不敢爲，故殘酷也，詐欺也，懦怯也，貪慾也，皆生於自己保存之本性者也。親密起於虛榮，正直起於恐怖，其實人生唯一之成功方法，不外狡詐。故邪惡之徒，充斥寰中。善人受世人之尊敬，而每爲惡漢所嫉視。人世之黑暗如斯，不如速求解脫之爲愈也。

夫凶險狡詐，貪暴等罪孽，誠爲人世所數見。善人與惡人，孰多孰少，亦未易判斷。顧吾人計量道德的價値，果按如何之標準乎？倘道德之標準，必求諸全知全能聰明正直之神，則人類誠非其儔匹。或謂除美術，宗教，知識等高尚情操以外，其餘一切欲望皆應禁止，而殄滅之；一切主我的感情皆與道德不兩立，吾人應自毀其身家以供他人之要求，方合乎道德之旨，則誠非人類所能爲。蓋此皆人類以外之標準也。道德爲人類所有事，故當以人類可得而希望之理想爲標準。事之有益於肉體的及精神的發達，有造於個人的及社會的進步者，吾人謂之善行能努力實現此理想者謂之善人。果以是爲標準，則未見人性之盡惡也。世固不乏陰柔奸險假公濟私倚權仗勢凶橫貪暴之徒，而亦何嘗無仁慈博愛守正不阿，爲公理而奮鬬爲同胞而犧牲之仁人義士乎？苟有不道而成功者，吾人每不禁而爲之駭異。有守義而失敗者，吾人必爲之惋惜。倘人生果以狡詐爲成功之常道，則又何奇之有？古來恒河沙數不善不惡之庸人，皆不足以引吾人注目。惟聖賢恆受人尊敬，而凶人恒遭人唾罵。此無他，蓋亦因其異常而已。

叔本華謂貪慾爲意志之本質，故無爲善之希望。而又謂人應脫出乎意志之外，方可入乎美術宗教學問等思索之中。果爾，則貪慾亦未嘗不可抑制也。彼宗教家雖信人類有先天的罪孽，而尙信靈魂之克自解脫，是皆不啻有樂天的見解矣。況人性之爲善爲惡，於先天均無絕對的根據。利己與利人之事，皆爲人性所能爲。倘人性盡惡，吾人又安能知世間有所謂善事乎？人類既能營社會生活，則道德的法規即爲人性之常態。倘人類盡如厭世家所云無一非凶徒惡漢，則社會何自而成乎？觀世之以狡詐而倖成者，必具非常之機巧，可見背德而有成者，實例外之事也。

厭世家又有比較古今而嘆罪惡之日增，悲民德之日漓，遂謳歌上世不置者。盧梭每追想原始之黃金時代，人皆享平和，積德行以終其天年。迨文明既啓，此等美德漸歸澌滅。人生由單簡而趨於複雜，吾人對於生命之要求及對於事物之評價，亦因之變遷，社會之不平益甚，而生活上所用機巧不德之手段日增。蓋吾人非因知識而貴知識，猶非因金剛石而貴金剛石，誠以有智者能享無智者所不能享之快樂耳。財產與知識，既成門第之標幟，富者智者日增其尊榮，而貧者愚者日趨於卑下，於是人之貴知識財產者，皆不貴其實際的價值，而貴其便宜的價值矣。社會上此等之不平不德，皆文明進步之賜也。

人類實不免有厭惡現在而思慕已往之傾向，因已往之缺點，恒不若現在缺點之鮮明易見，所可得而追想者，皆其光輝之方面也。又年老者之習慣，皆養成於已往時代，對於現代之思想感情及其生活方法，每多不合意之點。故貴古而賤今，實爲老人之心理。而少年之已往的知識，又得自老人之傳授，故其所述者皆已往之光輝燦爛也。是故但根據謳歌已往之感情，遂謂人生日趨於罪惡，殊未當也。草昧之民，渾渾噩噩，其行爲皆受衝動及習俗之支配，人人殆一致，初無善惡之區別。道德的分化，實爲文明進步之產物。文明社會之惡事，所以易惹人注目者，因善惡之區別甚明也。惡之著，實因善之彰也。吾人既認擴張合理的同情，制節盲目的自然，力求改良個人及社會爲至善之理想，則將來之進步，固無止境，而決不可謂今不如古也。